普通高等教育教材

化工原理实验与仿真实训

邱琦　吕维忠　马睿　编

化学工业出版社

·北京·

内容简介

本书内容分化工原理实验基础知识、基础实验、仿真实训三部分。基础知识部分（第一章至第四章）包含实验误差的估算与分析，实验数据处理，化工过程仪表、阀门和设备等。基础实验部分（第五章）包含经典的验证性实验以及化工生产过程中的单元操作过程，包括流体流型实验、机械能转化实验、流体流动阻力测定实验、离心泵特性曲线测定实验、水蒸气-空气对流传热系数测定实验、筛板塔精馏实验等。仿真实训部分（第六章）包含流体输送综合、传热过程综合、筛板塔精馏操作、填料塔吸收与解吸操作等。

本书可作为高等院校化工及相关专业的化工原理实验课、工程实训环节的教材或教学参考书，也可以作为石油、化工、轻工、环境、医药等行业从事科研、生产的技术人员的参考书。

图书在版编目（CIP）数据

化工原理实验与仿真实训/邱琦，吕维忠，马睿编．北京：化学工业出版社，2024．10．--（普通高等教育教材）．-- ISBN 978-7-122-46082-0

Ⅰ．TQ02-33

中国国家版本馆 CIP 数据核字第 20242VE992 号

责任编辑：林 媛 窦 臻　　文字编辑：刘 莎 师明远
责任校对：宋 夏　　装帧设计：韩 飞

出版发行：化学工业出版社
（北京市东城区青年湖南街 13 号　邮政编码 100011）
印　　装：河北延风印务有限公司
787mm×1092mm　1/16　印张 10¾　插页 4　字数 264 千字
2025 年 2 月北京第 1 版第 1 次印刷

购书咨询：010-64518888　　售后服务：010-64518899
网　　址：http：//www.cip.com.cn
凡购买本书，如有缺损质量问题，本社销售中心负责调换。

定　　价：32.00 元

前 言

化工原理实验课是化学工程与工艺、应用化学、食品工程、高分子材料等专业的必修课程。实验中，学生能够直接观察到某些生动的现象，如流体流型实验中，可以观察到流体流动的层流和湍流型态。通过实验，可直接验证某些重要的理论和规律，例如伯努利方程实验中，可以直接验证能量守恒及各种能量之间的相互转化。此外，通过实验可直接测得某些设备的性能，例如离心泵实验中，可以直接测得代表离心泵性能的特性曲线，并对泵的使用方法及特性曲线的实际应用有深刻的认识。正是通过实验，使得同学们更贴近实际问题而提高分析和解决实际问题的能力。

书中化工原理基础实验包含经典的流体流动过程的验证性实验以及化工生产过程中的单元操作过程，包括流体流型实验、机械能转化实验、流体流动阻力测定实验、离心泵特性曲线测定实验、水蒸气-空气对流传热系数测定实验、筛板塔精馏实验等。建议先修的基础课程为物理化学、化工原理和化工计算机数据与图形处理。

除了包含经典的化工原理基础实验，教材中还加入了工程仿真实训。实训装置涉及的仪表控制点、阀门和变量较多，操作过程中可以看到复杂的真实设备与工艺过程，以及这一过程与化工原理理论之间的关系。工程化实训装置除了经典的可以人工操作的阀门和读取仪表之外，还结合了自动化和网络控制技术的最新成果。并且，实训平台与电脑端虚拟仿真充分衔接，使得同学们在仿真模拟训练基础上再进行实操实训，达到强化操作能力和实现工程化训练的目的。

本教材获得深圳大学教材出版资助，特此致谢。同时感谢广东省本科高校在线开放课程指导委员会项目（2022ZXKC404）支持，以及北京欧倍尔软件技术开发有限公司和中控技术股份有限公司在设备和软件方面提供的技术支持和帮助。

由于编者水平所限，虽然对书中实验和仿真实训的操作内容和阀门、设备及仪表的标识进行反复校正和修改，但疏漏和不妥之处难免存在，衷心希望读者给予批评指正，帮助本书日臻完善。

编者

2024 年 1 月

目 录

第一章

绪　论

一、化工原理实验概述

与传统的四大化学（有机化学、无机化学、分析化学、物理化学）实验相比，化工原理实验属于工程实验范畴。这些实验涉及更大规模、更昂贵且“庞大”的设备。初次接触这些实验可能会让我们感到有些压力，但实际上，除了需要注意实验过程中一些设备的压力控制以及阀门和电源的正确开关顺序（如水蒸气发生器的压力控制、常压精馏塔保证通大气以及使用离心泵时需要按照正确顺序开关）之外，整体上来说，化工原理实验是相对安全且没有毒害风险的。因此，在合理操作和安全措施的保护下，我们可以放心地进行化工原理实验。

化工原理实验所采用的研究方法明显不同于基础课程实验。这些实验涉及的问题通常更加复杂和非理想化，而解决这些问题需要我们具备更深入的理论知识和实践经验。虽然化工原理实验的操作相对简单，但在数据处理、结果分析和实验报告撰写方面，需要投入更多的时间和精力。特别是进行大量的验证性计算和绘制图表，通过此过程，将更深入地理解化工原理的理论知识，并巩固所学到的知识。因此，化工原理实验的重点不仅在于操作本身，更在于数据处理和报告撰写的过程。这将为我们提供宝贵的学术培养和实践经验。

化工原理实验装置占地较大，因此受到实验设备和场所的限制，可能存在设备数量不足的问题。为此，常需要分批轮流进行实验操作，这往往会导致学习效率较低。此外，化学化工专业方向的同学在进入企业进行实践时也常面临多重限制。许多化工和制药企业的生产原料和产品具有易燃、易爆、有毒、腐蚀性等特点，而且生产过程操作复杂，需要经过较长时间的培训才能安全操作。因此，在实习过程中往往缺乏机会接触一线生产工作，也无法亲自动手操作，造成理论知识与实际工厂操作的脱节。

为了解决这些问题，我们在实验中引入仿真实训内容。在进行实训之前，首先使用计算机模拟仿真训练来初步熟悉设备结构和操作流程的步骤和要求。通过这种模拟仿真训练，我们可以在一个安全而逼真的环境中熟悉实训设备的操作，并培养生产过程中的安全、规范、环保和节能意识。然而，理论知识与实际操作之间仍然存在一定的脱节，因此需要亲自动手进行实训操作，将模拟仿真训练获得的理论知识应用到实际操作中。实训操作通过使用类似于化工实际单元操作的工程化训练平台，可以培养发现、分析和处理各种故障的能力，并培养严格遵守操作规程的职业素养和团队合作精神。

二、化工原理实验要求

“化工原理实验”和“化工原理”课程的理论内容紧密结合、相辅相成。通常都是在理论课内容上完之后，才开始对应的实验内容。化学化工类专业的毕业生都必须具备一定的实验研究能力，在基础化学的实验课中，我们已受到了基础实验能力的训练，而化工原理实验则明显不同于基础化学课实验。这里是第一次接触工程装置，通常是几人一组，共同完成，对学生的主动性要求更高。化工实验能力的培养主要包括：为了完成一项研究课题或解决实际问题，设计实际方案的能力；适当选择和正确使用设备及测量仪表的能力；进行实验操作、观察和分析实验的能力；正确处理实验数据及撰写实验报告的能力。这些能力只有通过一定数量的基础实验练习和反复训练才能达到，从而为将来参加实际工作后能独立从事科学研究打下一定的基础。

每次实验课开始前，要提前写好实验预习报告，预习报告并不是简单地抄写实验原理或者步骤，而是通过撰写实验报告，熟悉实验目的、原理、操作步骤，将以上内容以自己理解的形式总结并简洁地表达出来，并且手绘实验流程图，目的是在实验中能够快速地指导实验操作，并且在计算的过程中能够明确地指导数据处理。

从准备实验、进行实验到整理数据写成实验报告，往往要花费很长时间，在这期间，一定不能出现草率记录、敷衍对待的做法。在化工生产操作中，认真对待的态度是安全生产的重要保证，在实验室的敷衍态度如果延续到实际工作中则易造成设备损坏或人身事故，所以正是通过课程实验中这些严密的步骤，才能认识到一个科学实验的基本过程与要求，养成踏踏实实、一丝不苟的严谨态度。

由于化工过程和设备的复杂性，我们在实验中测定的数据可能与理论数据存在较大差距。但不能为了追求好的实验结果和成绩去修改或编造实验数据。这种做法会使数据失去可靠性，也使学生丧失了解决实际问题和发现新问题的机会。更糟糕的是，这种态度会对我们个人的成长以及社会产生无法估量的损害。因此，养成实事求是的科学态度非常重要。

在准备实验报告和处理实验数据过程中，建议同学们不仅要参考《化工原理实验》教材中的内容，还要温习《化工原理》教材中的原理知识。通过实验数据处理的过程，可以更深入地理解在理论课上可能没有完全理解的内容，从而实现实验和理论课内容的完美结合。这样的学习方式可以使我们在实验中获得更多的收获，并提升学习效果。

在实验过程中，应注意操作细节，并思考为何要进行这样的操作。如果在实验过程中遇到任何问题，请直接与老师沟通，努力在实验结束前解决。在记录原始数据的表格中，应包括实验条件以及各物理量的名称、符号和单位。在处理实验数据的过程中，如果遇到问题，建议与同学进行讨论，并查阅教材或参考资料来寻找答案。

三、化工原理实验和实训的意义

（一）化工原理实验

化工原理是研究化工单元操作的基本原理的学科，着重于典型设备的结构原理、操作性能和设计计算。作为化学、化工、环境、轻工等专业的重要基础课，在其自身发展过程中，形成了以实验方法和数学模型为主的研究方法。其中实验方法通过各种实验或在量纲分析方法的指导下进行，直接测定各变量之间的关系，并以图表或经验公式的形式进行呈现。实验方法在化工原理的研究中起着重要的作用，帮助我们理解和描述化工操作中的物理、化学和传递现象。

除了实验方法外，化工原理的研究还依赖于数学模型方法。数学模型方法是在深刻理解实验数据内部规律的基础上，对复杂的工程实际问题进行合理简化，提出一个比较接近实际的物理模型，建立描述这个物理模型的数学方程，然后确定方程的初始条件，并求解方程。虽然由于计算机技术的发展，人们求解数学方程的能力得到很大提高，但由于化工过程的复杂性，建立物理模型及数学方程的难度仍然很大，使数学模型法的应用受到了限制。

同样，数学模型法不能离开实验，只有通过实验，了解了其内部规律，才能提出不失真的模型，最终还是要依靠实验来检验模型的等效性并确定模型参数。所以，化工原理是建立在实验基础上的学科，化工原理的发展离不开实验技术的发展。

（二）化工实训的意义

化工原理课程向同学们展示了一系列化工生产过程中特有的现象、规律以及化工设备。长期以来，化工原理实验常以验证课堂理论为主，在教学安排上，常常作为化工原理课程的一部分。但总体而言，化工原理课程中所讲授的内容，对多数同学而言仍旧比较生疏，理解也往往比较肤浅，对各种过程的影响因素理解还不够深刻。

而近些年来，随着石油化工、生物化工、环境化工等学科的高速发展，对化工过程与设备的研究，提出了更高的要求，为了适应这种形势的需要，国内外化工专业高等教育界，纷纷出现了大量加强实验教学的趋势，因此在化工原理验证性实验的基础上，本教材中增加了化工实训和仿真内容，作为课本知识的拓展。而且，实训操作比较接近实际生产过程，对提升我们从事化工实验的能力具有承前启后的作用。

四、化工原理的工程实验方法

化工原理实验是同学们在学习过一些基础课实验后遇到的第一门属于工程范畴的课程。工程实验与化学基础实验有明显不同，后者的处理对象通常比较简单，偏离理想体系不远，所采用的研究方法大都以严密的理论体系为基础；但工程实验所涉及的物料千变万化，设备大小悬殊，实验量和工作量也都很大，其研究方法不能简单套用基础化学实验的方法，而应采用专门用于研究工程问题的实验研究方法，如量纲分析方法和数学模型方法。采用这两种研究方法可以使实验研究结果由小到大、由此及彼地用到大设备生产及设计上。下面以流体流动阻力的研究方法为例说明。

圆管内流体流动阻力是管路设计中必须解决的典型工程实际问题。当圆管内流动类型属层流时，流体符合牛顿黏性定律，可通过数学分析导出用于计算直管中层流流动时阻力损失的泊肃叶方程。在实际化工生产中，能通过数学分析来直接解决问题的情况实际上很少。当管内流动属于湍流时，情况就复杂得多，在湍流状态下的剪应力已不再符合简单的牛顿黏性定律，解决该问题就只好采用实验方法。

通过考察湍流流动过程可知，影响流体流动阻力 h_f 的因素主要包括流体的密度 ρ、黏

度 μ、流速 u、管径 d、管长 l、管的粗糙度 ε 等因素。若按常规的网络法安排实验，每个因素取 10 个水平，则需 10^5 次实验，工作量巨大，难以完成；更为重要的是，为改变 ρ、μ 要用多种流体，而改变 d、ε 要更换不同的实验装置，若为了改变 ρ 而固定 μ 几乎是难以实现的，由此可见，进行这类实验测定还需要有更为高效的实验方法指导，而量纲分析法和数学模型法可以成功解决上述实验问题，使研究实验结果由小见大、由此及彼地推广使用，下面分别进行阐述。

（一）量纲分析法

量纲分析法不要求对所研究过程的内在规律有深刻的认识，而是一种半理论分析方法。因此，这种方法也被称为黑箱模型法，在化工原理课程中常常用于推导特征数关系式。量纲有时也被称为因次，指的是物理量的种类，与单位不同，单位是用于比较同一物理量大小的标准，而同一个量纲可以具有不同的单位。例如，长度的量纲为 [L]，可以用 m、cm、mm 等单位表示。量纲分析法的理论基础是量纲一致性原则和 π 定理。

量纲一致性原则是化工领域中一个重要的原则，在实验和实训中具有广泛的应用。根据此原则，不同种类的物理量不可以相加减，不能列等式，也不能比较它们的大小。这是因为不同种类的物理量代表着不同的性质和度量方式，它们之间不能直接进行数学运算。举个例子来说明，我们不能将温度和压力简单地相加或相减，因为温度是表示物体热程度的物理量，而压力是表示单位面积上的力的物理量。尽管它们都属于物理量，但它们的本质不同，因此不能进行直接的运算操作。相反地，能够相加减和列入同一等式中的各项物理量，必然有相同的量纲。这意味着它们在量纲上是一致的，可以进行数学推演和运算。一个物理方程只有通过基本定律进行数学推演后才能得到，因此其中的各项物理量在量纲上必然是一致的。综上所述，量纲一致性原则是化工实验和实训的重要指导原则。通过遵循该原则，我们可以确保在数学推演和物理计算过程中不犯错误，从而得到准确可靠的结果。

π 定理是由美国物理学家白金汉（Edgar Buckingham）提出的。该定理指出，任何量纲一致的物理方程都可以用一组无量纲数群的零函数来表示。这组无量纲数群的个数 N 等于原方程的变量个数 n 减去基本量纲数 m。在化工实际问题中，很多情况下并没有适合直接求解的微分方程。但是，我们可以利用 π 定理来解决这类问题。

具体来说，设影响某一复杂现象的物理变量有 n 个，分别为 $x_1, x_2, x_3, \cdots, x_n$，我们可以假设存在一个方程 $y=f(x_1, x_2, x_3, \cdots, x_n)$ 来描述该现象。经过量纲分析和适当的组合，上式可以写成无量纲变量表示的关系式，则 $y=F(\pi_1, \pi_2, \pi_3, \cdots, \pi_N)$。根据 π 定理，在量纲分析中得出的独立无量纲变量 π 的个数 N，等于影响该现象的物理量数 n 减去这些物理变量相互独立的基本量纲数 m，即 $N=n-m$。下面以研究湍流流动阻力为例，阐述量纲分析法的应用步骤。

(1) 通过初步实验及理论推断，确定被研究过程的主要影响因素，这是量纲分析法的关键步骤。湍流流动阻力 h_f 的影响因素可以表示为 $h_f=\psi(d, u, \rho, \mu, l, \varepsilon)$，或者可以写成 $f(h_f, d, u, \rho, \mu, l, \varepsilon)=0$，这里一共有 7 个变量，即 $n=7$。

(2) 选择以上 n 个变量所涉及的基本量纲，用基本量纲表示所有变量，此处选择 SI 单位制中的基本量纲，分别为长度的量纲 L、质量的量纲 M、时间的量纲 T，即 $m=3$。实际上，与化工流体流动有关的一些重要物理量均可以用 L、T 和 M 表示其量纲，如速度 $u=$

$\frac{L}{T}$、压力 $\Delta p_f=\frac{M}{LT^2}$、密度 $\rho=\frac{M}{L^3}$、黏度 $\mu=\frac{M}{LT}$。

（3）根据量纲一致性原理和 π 定理，无量纲变量个数应为 $N=n-m=7-3=4$，进行量纲分析，确定各无量纲数群的表达式，此处，经过量纲分析（参见《化工原理》教材），可以得到以下各无量纲数群：

$$\pi_1=\frac{h_f}{u^2};\quad \pi_2=\frac{du\rho}{\mu};\quad \pi_3=\frac{\varepsilon}{d};\quad \pi_4=\frac{l}{d}$$

其无量纲数群的个数符合公式计算的结果：$N=n-m=7-3=4$。

（4）将所研究过程用 N 个无量纲数群表示，为了便于实验求取系数，常将其写成幂函数的形式，以方便取对数后求取系数和指数，可用下式表示：

$$\frac{h_f}{u^2}=\psi\left(\frac{du\rho}{\mu},\frac{\varepsilon}{d},\frac{l}{d}\right)=m\psi'\left(\frac{du\rho}{\mu},\frac{\varepsilon}{d}\right)\left(\frac{l}{d}\right)^P$$

（5）通过实验求得函数表达式的具体形式。

通过实验发现，$m=\frac{1}{2}$，$P=1$，则上式变为：

$$h_f=\frac{u^2}{2}\psi'\left(\frac{du\rho}{\mu},\frac{\varepsilon}{d}\right)\left(\frac{l}{d}\right)$$

$$h_f=\lambda\ \frac{l}{d}\frac{u^2}{2}$$

式中，λ 是根据量纲分析得到的一个无量纲系数群，其表达式为：

$$\lambda=\psi'\left(\frac{du\rho}{\mu},\frac{\varepsilon}{d}\right)$$

由于 λ 与$\frac{du\rho}{\mu}$，$\frac{\varepsilon}{d}$经验式比较复杂，常将它们的关系绘成图使用，即莫迪图。

从阻力损失的表达式可看出，只变更 Re 和$\frac{\varepsilon}{d}$就可掌握阻力损失的变化规律。实验时，可以采用水为介质，改变流速 u 就可改变 Re，再更换几种不同的管子，就可改变$\frac{\varepsilon}{d}$，从而求得 λ 与 Re 和$\frac{\varepsilon}{d}$的关系。显然，这种方法不需要根据现象导出微分方程，并且导出所需的实验次数和对设备的要求都是容易做到的，其结果能够推广使用。实验表明，对光滑管及无严重腐蚀的工业管道，采用上述方法计算阻力损失的误差都在 10%之内，这说明用量纲分析法解决流动阻力的问题是符合要求的。

其他情况例如已经获得了微分方程，但目前仍难以获得解析解，或者不希望使用数值解时，我们可以从微分方程中推导出准数关系式，并通过实验来确定其系数值。比如热量传递过程的准数关系式 $Nu=aRe^bPr^c$，式子中的常数如 a、b、c，可以由实验数据回归得出。

（二）数学模型法

数学模型法是解决工程问题的另一种实验规划方法，专业人员在对所研究过程有深刻认识、长期经验积累的基础上，对过程进行高度概括以获取简单而不失真的物理模型。随后，对该模型进行数学描述，通过实验来验证模型的有效性，并进一步确定模型参数。以下用过滤操作中流体通过颗粒床层的流动为例，说明数学模型法的应用步骤。

流体在颗粒床层中的流动与普通管内流动类似，都属于固体边界层内部的流动问题，就流动过程本身而言，并没有特殊性。然而，颗粒床层中颗粒大小不均匀，表面粗糙，导致流体通道呈现出不规则的几何形状，呈现为纵横交错的不均匀网状通道，无法直接套用处理直管流体力学的量纲分析法，在这种情况下采用数学模型法来解决问题。

1. 简化物理模型的建立

在固定床层内，密集排列的颗粒形成了大量细小通道，对流体的流动产生了巨大的阻力。这种阻力既可以使流体在床层截面上的速度分布均匀，也会导致显著的压强降低。在工程上，人们更关注对过滤操作速度产生影响的后者，即压降。由于流体在床层中的流动非常缓慢，几乎呈现爬流状态，流动阻力主要来自颗粒之间的表面摩擦。因此，流动阻力主要与颗粒的总表面积成正比，而与通道的形状关系较小，在保持单位体积内表面相等的前提下，我们可以把图 1-1 所示的复杂不均匀网状通道，简化为一组平行排列的均匀细管。这种建立简化物理模型的方法是工程设计和优化中常用的有力工具，可以大幅度简化真实流动过程的复杂性，帮助我们更好地理解和预测流体在固定床层的行为，在更小的尺度上深入研究流体和固体颗粒之间的相互作用，并且使得我们能够通过数学方程来描述和研究经过简化后的等效流动过程，从而揭示床层过滤过程中的物理本质。

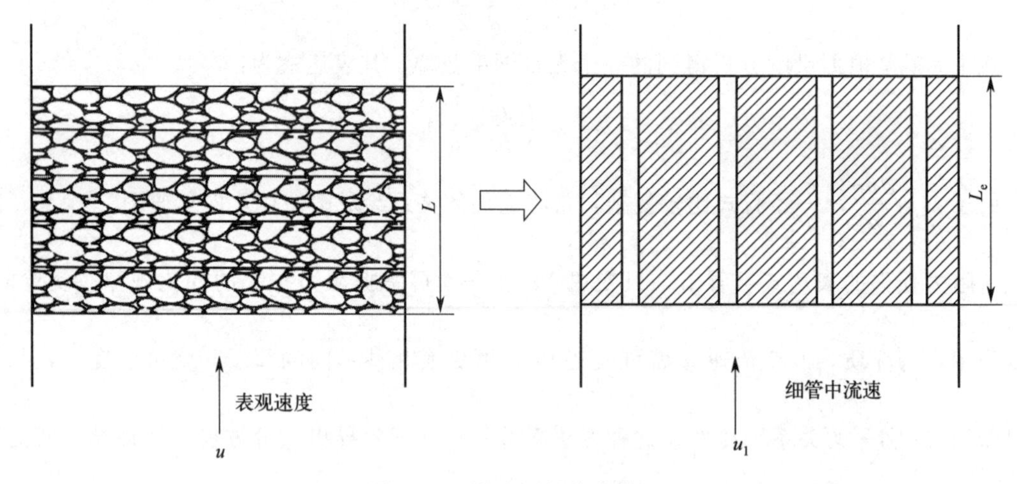

图 1-1　颗粒床层的简化模型

这个被称为真实流动过程的物理模型对原模型进行了简化。根据简化前提，该模型应满足下列条件：

（1）细管的内表面积等于床层颗粒的全部表面积；

（2）细管的全部流动空间等于颗粒床层的空隙容积。

由上述假定可求得这些虚拟细管的当量直径 d_e。$d_e=\dfrac{4\times 通道的截面积}{润湿周边}$

分子与分母同乘细管当量长度 L_e，则得：$d_e=\dfrac{4\times 床层的流动空间}{细管的全部内表面}$

以 $1m^3$ 床层体积为基准，床层的流动空间即床层的空隙率为 $\varepsilon=\dfrac{床层体积-颗粒所占体积}{床层体积}$，颗粒物料的比表面积为$\alpha$，床层的比表面$\alpha_m$为单位体积床层中具有的颗粒表面积，且$\alpha_m=\alpha(1-\varepsilon)$，则有：

$$d_e=\frac{4\varepsilon}{\alpha_m}=\frac{4\varepsilon}{\alpha(1-\varepsilon)} \tag{1-1}$$

按照此简化模型，流体通过固定床层的压降相当于流体通过一组当量直径为d_e、长度为L_e细管的压降。

2. 数学模型的建立

通过上述的物理模型简化，已将流体通过具有复杂几何边界的床层流动问题转化为了通过均匀圆管的流动问题，从而可按计算直管压降的方法进行数学描述：

$$h_f=\frac{\Delta p}{\rho}=\lambda\frac{L_e}{d_e}\frac{u_1^2}{2} \tag{1-2}$$

式中，u_1为流体在细管内的流速，可取为实际填充床中颗粒空隙间的流速，它与按照整个床层截面计算的空床流速u有如下关系：

$$u_1=\frac{u}{\varepsilon} \tag{1-3}$$

将式(1-1)、式(1-3)代入式(1-2)，并且等式两边同时除以床层高度L，得：

$$\frac{\Delta p}{L}=\lambda\frac{L_e}{8L}\frac{\alpha(1-\varepsilon)}{\varepsilon^3}\rho u^2$$

虽然细管长度L_e与床层高度不等，但却成正比关系，可将其比例系数并入阻力系数，于是令$\lambda\frac{L_e}{8L}=\lambda'$，则得到单位床层高度的压降公式：

$$\frac{\Delta p}{L}=\lambda'\frac{\alpha(1-\varepsilon)}{\varepsilon^3}\rho u^2 \tag{1-4}$$

式(1-4) 即为固定床层压降的数学模型，其中λ'包括固定床的流动摩擦系数，其数值通过实验测定。

3. 模型检验和模型参数的确定

以上模型分析结合了流体力学的一般知识和实际问题（爬流），这种结合既具有一般性又具有特殊性，而这正是解决大多数复杂工程问题的共同特点。二者缺一不可。如果我们忽视了流动的基本原理，就无法找到解决问题的基本方法，只能依靠纯经验进行处理；相反地，如果我们无法抓住爬流的基本特征，就不能进行合理简化，只能采用教条式的处理方法。上述流体通过床层的过程简化只是一种假定，还必须通过实验检验其有效性，并确定模型参数。

康采尼（Kozeny）对此进行了实验研究，发现在流速很低、床层雷诺数$Re_b<2$的情况下，实验数据可较好地符合$\lambda'=\frac{K'}{Re_b}$，式中K'称为康采尼常数，其值为5.0，Re_b称为床层雷诺数，定义为$Re_b=\frac{d_e u_1\rho}{4\mu}=\frac{\rho u}{\alpha(1-\varepsilon)\mu}$

实验表明，对于各种床层，康采尼常数的误差不超过10%，说明上述模型的简化过程合理。因次，在确定模型参数的λ'的同时，也检验了简化模型的合理性。

（三）直接实验法

当受条件限制，如果在整理实验数据时，对选择模型既无理论指导，又无经验可以借鉴，不能采用量纲分析法或数学模型法解决某一工程问题时，可采用直接的实验方法，也就是对被研究的对象进行直接观察与实验。将实验数据先标绘在普通坐标纸上得到一条直线或曲线。对于直线，可以根据初等数学直线的表达式 $y=ax+b$，其中 a、b 值可由直线的截距和斜率求得。如果不是直线，也就是说，y 和 x 是非线性关系，工程上很多非线性关系可以通过对自变量和因变量作适当的变换转化为线性问题处理。具体做法是先将实验曲线和典型的函数曲线相对照，选择与实验曲线相似的典型曲线函数，对所选函数与实验数据的符合程度加以检验。将曲线方程转化为线性方程，方程的系数项可以用线性回归法来分析处理。例如，以最简单的一元线性回归为例，对幂函数 $y=ax^b$，两边同时取对数得到 $\lg y=\lg a+b\cdot\lg x$，令 $X=\lg x$，$Y=\lg y$，则得到直线化方程 $Y=\lg a+bX$，在普通直角坐标系中标绘 X-Y 图形，或者在对数坐标系中标绘 x-y 图形，便可以获得直线。化工中常见的曲线与函数式之间的关系，以及线性化方法可以参考《化工数学》。

在寻求实验数据的变量关系间的数学模型时，应用最广泛的一种数学方法，就是回归分析法。将回归分析法与电子计算机相结合，是确定经验公式最有效的手段之一。尤其是大多数实际问题中，自变量的个数往往不止一个，而因变量是一个。这类问题称为多元回归问题。多元线性回归分析在原理上与一元线性回归分析完全相同，用最小二乘法建立正规方程，确定回归方程的常数项和回归系数。

在许多实际问题中，回归函数往往是较复杂的非线性函数。非线性函数的求解一般可分为将非线性变换成线性和不能变换成线性两大类。工程上很多非线性关系可以通过对变量作适当的变换转化为线性问题处理。其一般方法是对自变量与因变量作适当的变换转化为线性的相关关系，即转化为线性方程，然后用线性回归来分析处理。

直接实验法虽然结果可靠，但是通常只能得出个别量之间的规律关系，难以把握住现象的全部本质，并且其结果只能推广到和实验条件完全相同的过程和设备上，应用时具有很大的局限性。

（四）量纲分析法、数学模型法和直接实验法的比较

化工过程的研究中目前已形成了两种基本的研究方法：一种是实验研究的方法，也就是经验方法；另一种是数学模型方法，也就是半经验、半理论的方法。实际的化工过程都是在固定边界内部进行的，而几何边界的复杂性以及物系性质的千变万化，使得多数情况下很难采用数学解析法求解，常常需要依靠实验。为了用尽可能少的实验得到可靠和明确的结果，又必须在理论指导下进行实验。指导实验的理论包括两个方面：一个是化学工程学科本身的基本规律和基本观点；二是正确的实验方法论。

用量纲分析方法来规划实验，关键在于能否完整列出影响过程的主要因素。这种方法并不要求研究者深入理解过程的内在规律，只要做若干因素分析实验，考察每个变量对实验结果的影响程度即可。用量纲分析法指导的实验研究最典型的特征就是：只需得到过程的外部联系，而对过程的内在规律则无需深入了解，如同“黑匣子”，这就使量纲分析法成为对多种研究对象原则上皆适用的一般方法。尤其是对于一些复杂工程过程，各因素之间的相互影

响关系复杂，在不了解内部规律的情况下，依然可以作出研究。

相比之下，数学模型法必须对过程的内在规律有深刻的理解，然后对复杂过程进行合理简化，简化的目的是得到一个足够简单，既可用数学方程表示而又不失真的物理模型。数学模型法也离不开实验，通过实验可检验数学模型的合理性并测定模型参数。数学模型法的实验目的与量纲分析法有着很大不同，量纲分析法的实验目的是探索各无量纲变量之间的函数关系；而数学模型法中，实验目的是检验物理模型的合理性并测定为数较少的模型参数，显然检验性的实验要比探索性的实验要简易得多。

对比两种方法的实验规划，数学模型法更具有科学性，但是探讨过程的内在规律立足于对过程的深刻理解，这远比寻找外部联系困难，使数学模型法的应用受到一定的限制。所以数学模型的发展并不意味着量纲分析法就可以被完全舍弃；相反，应根据实际研究情况选择量纲分析法或数学模型法，二者相辅相成，各有所长。

五、实验室安全

近年来，高校实验室发生了多起重大安全事故。根据资料分析和统计，高达98%的实验室安全事故起因于人为因素。化工原理实验室和其他化学实验室相比，具有自身的特殊性。每个化工原理实验实际上等同于一个小型的单元操作流程，虽然它不像化工企业那样伴随易燃易爆、有毒有害的物料和产品，但实验室的化工过程（chemical process）涉及多个专业和复杂的工艺、设备、仪表、电气等公用工程系统。因此，确保实验室的安全成为进入实验室的首要任务，也是实验室安全的重要部分。

在进入化工原理实验室进行实验时，我们必须时刻保持高度的安全意识。除了需要严格遵守化工实验室的规定和标准外，我们还必须了解水闸、电闸、气源阀门的位置，实验结束后，务必关闭所有实验装置的电源和自来水总闸，以避免在无人时发生水管爆裂或者机器运行事故。这些都是必要的措施，以确保实验室的安全和设备的保护，此外，还应熟知灭火器的存放地点。

这些安全措施和注意事项都应成为实验室工作的基本准则。遵守这些准则不仅能够确保实验顺利进行，还能保证实验人员的安全和健康。因此，在进行化工原理实验时，请务必严格遵守，并时刻牢记安全第一的原则。

（一）实验室气瓶

气体吸收和解吸实验中，会用到 CO_2 气瓶，需要关注高压气瓶的安全性检测，检测内容如下：

（1）外观检查：仔细检查气瓶外表是否有凹陷、划痕、氧化、腐蚀等损坏情况，尤其是气瓶颈部和气瓶底部是否有变形。

（2）标识检查：检查气瓶上的标识是否清晰可辨，包括压力等级、制造日期、检验周期等信息。

（3）阀门检查：检查气瓶阀门是否完好，阀门开关是否灵活，连接处是否有漏气现象。

（4）漏气检测：使用肥皂水或其他适合的漏气检测方法，检查气瓶阀门和连接处是否有气体泄漏。

(5) 压力检测：使用专业的气体压力表或其他检测设备，检测气瓶内部的压力是否在安全范围内。

(6) 使用环境检查：确保使用气瓶的场所通风良好，无明火，无易燃物质存在。

(7) 搬运和储存检查：正确储存气瓶，避免堆放高温或震动环境，并使用专门的气瓶支架固定气瓶，避免气瓶的倾倒或摔落。

为确保在使用过程中及时发现问题并采取相应的安全措施，确保操作人员和周围环境的安全，在使用 CO_2 气瓶过程中，要注意以下事项：

(1) 使用高压钢瓶的主要危险是钢瓶可能爆炸和漏气。若钢瓶受日光直晒或靠近热源，瓶内气体受热膨胀，以致压力超过钢瓶的耐压强度时，容易引起钢瓶爆炸。

(2) 搬运钢瓶时，钢瓶上要有钢瓶帽和橡胶安全圈，并严防钢瓶摔倒或受到撞击，以免发生意外爆炸事故。使用钢瓶时，必须牢靠地固定在架子上、墙上或实训台旁。不允许用锥子、扳手等金属器具击打钢瓶。

(3) 绝不可把油或其他易燃性有机物黏附在钢瓶上（特别是出口和气压表处）；也不可用麻、棉等物堵漏，以防燃烧引起事故。

(4) 使用钢瓶时，一定要用气压表，而且各种气压表一般不能混用。气体的钢瓶气门螺纹是正扣的。但是要注意 CO_2 减压阀的开关方向与普通阀门的开关方向相反，顺时针为开，逆时针为关。

(5) 使用钢瓶时必须连接减压阀或高压调节阀，不经这些部件让系统直接与钢瓶连接是十分危险的。

(6) 开启钢瓶阀门及调压时，人不要站在气体出口的前方，头不要在瓶口之上，而应在瓶之侧面，以防钢瓶的总阀门或气压表冲出伤人。

(7) 当钢瓶使用到瓶内压力为 0.5MPa 时，应停止使用。压力过低会给充气带来不安全因素，当钢瓶内压力与外界压力相同时，会造成空气的进入。

（二）实验室消防和卫生

1. 实验室消防

实验操作人员必须了解一定的消防知识，熟悉实验室消防器材的存放取用位置和使用方法，绝对不允许将消防器材移作他用。实验室常用消防器材有：

(1) 灭火沙：适合易燃液体着火，这种情况不能用水扑灭，着火时可以用沙子扑灭，起到隔绝空气和降温作用，从而达到灭火目的。因为实验室通常存沙有限，所以这种方法只适用于局部小面积的着火。

(2) 灭火毯或者湿布：通过隔绝空气从而达到灭火目的，适合迅速扑灭局部少量着火，这也是扑灭衣服着火的常用方法。

(3) 泡沫灭火器：适用于扑灭实验室一般火灾，除了用于扑救一般固体物质火灾外，还能扑救油类等可燃液体火灾，但不能扑救带电设备和醇、酮、酯、醚等有机溶剂引起的火灾。实验室多提供手提式泡沫灭火器。

灭火器的外壳是薄钢板，内有玻璃胆，胆中盛有硫酸铝，胆外存有碳酸氢钠溶液和发泡剂，比例为硫酸铝：碳酸氢钠：发泡剂＝50：50：5。

使用灭火器时，将灭火器倒置，酸性溶液与碱性溶液混合发生化学反应，生成 CO_2

泡沫。

$$6NaHCO_3 + Al_2(SO_4)_3 = 3Na_2SO_4 + 2Al(OH)_3 + 6CO_2 \uparrow$$

反应生成的泡沫黏附在燃烧物表面上，形成与空气隔绝的薄层而达到灭火目的。泡沫灭火器不能扑灭带电设备火灾是因为灭火时溶液混合，产生的泡沫本身是导电的，这样会造成灭火人的触电事故。

（4）干粉灭火器：可以扑灭易燃液体、气体、带电设备引起的火灾，还能够扑灭油类、电器类、精密仪器等火灾。在一般实验室内使用不多，对大型及大量使用可燃物场所会配备此类灭火器。

2. 实验室卫生

实验室需要注意以下卫生安全事项：

（1）禁止饮食：实验室内严禁饮食，以防止食物残渣或饮料被带入实验区域引发化学反应或导致污染，从而危及实验的安全性。

（2）保持通风干燥：实验室应该保持良好的通风系统，并且保持干燥的环境，以预防有害气体积聚或者湿气的影响，确保实验的准确性和安全性。

（3）保持环境卫生：实验室的卫生和整洁对安全至关重要。应定期清理实验设备上的灰尘和清扫地面，以避免积水或障碍物对实验带来潜在危险和伤害。

第二章

实验误差的估算与分析

实验测量的数据是实验的初步结果，但由于测量仪表和观察力的差异，实验测量值和真值之间总是存在误差，误差是普遍存在、不可避免的。因此，研究误差的来源及规律，尽可能减小误差，以获得准确的实验结果，对于寻找事物规律和发现潜在新现象非常重要。

误差估算与分析旨在评估实验数据的准确性，通过误差的估算与分析，可以认清误差的来源及其影响，并确定导致实验总误差的主要组成部分，从而在准备实验方案和研究过程中有的放矢地消除或减小产生误差的来源，提高实验质量。

当前，对于误差的应用和理论发展逐渐深入和扩展，涉及内容非常广泛，本章节将简要介绍化工基础实验中常遇到的一些误差的基本概念与估算方法。

一、实验数据

（一）实验数据的测量

科学实验与测量紧密相关。在本小节，我们将重点讨论恒定的静态测量，这种测量一般可以分为直接测量和间接测量两大类。直接测量是通过仪器或仪表直接读出数据的测量方式，例如，使用尺子测量长度、使用秒表计时，以及使用温度计和压力表测量温度和压强等。这些测量方法简单直观，结果直接可得。

然而，许多实验中涉及的测量并不是那么直接。这就引入了间接测量方法。间接测量是基于直接测量得出的数据，并通过一定的函数关系式进行计算，以获得所需结果的测量方法。例如，在测量圆柱体的体积时，我们首先测量其直径 D 和高度 H，然后使用公式 $V=\pi D^2 H/4$ 计算出体积 V，这里的体积 V 就属于间接测量的物理量。在化工基础实验中，很多实验都需要采用间接测量方法来获得所需的结果。

了解测量方法的分类对于实验的设计和数据的解释都非常重要。直接测量方法较为简单，结果也相对容易理解和解释。而间接测量方法则需要一定的计算和推导，但可以通过这些计算和推导获得更多信息和精确结果。因此，在实验设计和数据分析过程中，我们必须充分了解测量方法的特点以及其对实验结果的影响，以确保准确和可靠的实验结果。

（二）实验数据的真值和平均值

1. 真值

真值是指某物理量客观存在的确定值。对它进行测量时，由于测量仪器、测量方法、环境、人员及测量程序等都不可能完美，实验误差难以避免，故真值实际上无法测得，是一个理想值。在分析实验测定误差时，一般采用如下方法替代真值：

（1）实际值是现实中可以知道的一个量值，用它可以替代真值。如理论上证实的值，像平面三角形内角之和为180°；又如计量学中经国际计量大会决议的值，热力学温度单位绝对零度等于－273.15K。或将准确度高一级的测量仪器所测得的值视为真值。

（2）平均值是指对某物理量经多次测量算出的平均结果，用它替代真值。当测量次数无限多时，算出的平均值很接近真值，但实际上测量次数是有限的（比如10次），所得的平均值只能近似接近真值。

2. 平均值

在化工领域中，常用的平均值有下面几种：

（1）算术平均值　这种平均值最常用。设 x_1，x_2，…，x_n 代表各次的测量值，n 代表测量次数，则算术平均值为

$$\bar{x}=\frac{x_1+x_2+\cdots+x_n}{n}=\frac{\sum_{i=1}^{n}x_i}{n} \tag{2-1}$$

当测量值的分布服从正态分布时，用最小二乘法原理可证明：在一组等精度的测量中，算术平均值为最佳值或最可信赖值。

（2）均方根平均值　这种平均值常用于计算气体分子的平均动能，其定义式为

$$\bar{x}_{均}=\sqrt{\frac{x_1^2+x_2^2+\cdots+x_n^2}{n}}=\sqrt{\frac{\sum_{i=1}^{n}x_i^2}{n}} \tag{2-2}$$

（3）几何平均值　定义为

$$\bar{x}_{几}=\sqrt[n]{x_1x_2\cdots x_n} \tag{2-3}$$

以对数表示的几何平均值定义为

$$\lg\bar{x}_{几}=\frac{\sum_{i=1}^{n}\lg x_i}{n} \tag{2-4}$$

对一组测量值取对数，所得图形的分布曲线呈对称时，常用几何平均值。几何平均值的对数等于这些测量值 x_i 的对数的算术平均值。几何平均值常小于算术平均值。

（4）对数平均值　在化学反应、热量与质量传递中，分布曲线多具有对数特性，此时可采用对数平均值表示量的平均值。设有两个量 x_1、x_2，其对数平均值为

$$\bar{x}_{\mathrm{m}}=\frac{x_1-x_2}{\ln x_1-\ln x_2}=\frac{x_1-x_2}{\ln\dfrac{x_1}{x_2}} \tag{2-5}$$

两个量的对数平均值总是小于算术平均值。若 $1<\frac{x_1}{x_2}<2$ 时，可用算术平均值代替对数平均值，引起的误差不超过4.4%。

以上所介绍的各种平均值，都是在不同场合想从一组测量值中找出最接近于真值的量值。平均值的选择主要取决于一组测量值的分布类型，在化工实验和科学研究中，数据的分布一般为正态分布，故常采用算术平均值。

二、实验数据误差的定义及分类

（一）误差的定义

误差是实验测量值（包括直接和间接测量值）与真值（客观存在的准确值）之差。误差的大小，表示每一次测得值相对于真值不符合的程度。误差有以下含义：

（1）误差永远不等于零。不管人们主观愿望多么美好，也不管人们在测量过程中怎样精心细致地控制，误差还是会产生，误差的存在是绝对的，不会消除。

（2）误差具有随机性。在相同实验条件下，对同一个研究对象进行多次重复的实验、测试，所得到的实验数据都会在某个合理范围内波动，即实验结果具有不确定性。

（3）误差是未知的。通常真值是未知的，所以误差研究一般都从偏差入手。

（二）误差的分类

根据误差的性质及产生原因，可将误差分为系统误差、随机误差和粗大误差三种。在一定条件下，这些误差之间可以相互转化。

1. 系统误差

（1）系统误差产生的原因　系统误差由某些固定不变的因素引起。在相同条件下进行多次测量，其误差数值的大小和正负保持恒定，不随测量时间变化；实验条件一经确定，系统误差就是一个客观上的恒定值，多次测量的平均值也不能减弱它的影响，只有改变实验条件，才可能发现系统误差的变化规律。产生系统误差的原因有：

① 测量仪器因素，如仪器设计上的缺点，零件制造不标准，安装不正确，未经校准等；

② 环境因素，如外界温度、湿度及压力变化引起的误差；

③ 测量方法因素，由近似的测量方法或近似的计算公式等引起的误差；

④ 测量人员的实验技巧与习惯偏向等。

总之，系统误差有固定的偏向和确定的规律，一般可按具体原因采取相应措施给以校正或用修正公式使系统误差降到最低程度。

（2）消除或者减小系统误差的方法　依据系统误差产生的原因，消除或减小系统误差的方法如下：

① 根源消除法　最根本的方法就是在试验前，对测量过程中可能产生系统误差的各个环节作仔细分析，从产生系统误差的根源上消除。比如确定最佳的测试方法，合理选用仪器仪表，并正确调整好仪器的工作状态或参数等。

② 修正消除法　先设法将测量器具的系统误差鉴定或计算出来，做出误差表或曲线，

然后取与误差数值大小相同、符号相反的值作为修正值，将实际测得值加上相应的修正值，就可以得到不包含系统误差的测量结果。修正值本身也含有一定误差，这种方法不可能消除全部系统误差。

③ 代替消除法　测量装置上对未知量测量后，立即用一个标准量代替未知量，再次进行测量，从而求出未知量与标准量的差值，即有未知量＝标准量±差值，从而消除测量装置带入的固定系统误差。

④ 异号消除法　被测目标采用正反两个方向进行测量，如果读出的系统误差大小相等、符号相反时，取两次测量值的平均值作为测量结果，就可消除系统误差。这方法适用于某些定值系统对测量结果影响带有方向性的测量中。

⑤ 交换消除法　据误差产生的原因，将某些条件交换，可消除固定系统误差。一个典型例子是在等臂天平上称样重，若天平两臂长为 l_1 和 l_2，先将被测样重 x 放在 l_1 处，标准砝码 W_1 放在 l_2 臂处，两者调平衡后，即有 $x=W_1l_2/l_1$。而后，样品和砝码互换位置，再称重，若 $l_1\neq l_2$，则需要更换砝码，即 $W_2=xl_2/l_1$。两式相除得 $x=\sqrt{W_1W_2}\approx\sqrt{\dfrac{W_1+W_2}{2}}=W$，选用一种新砝码便可消除不等臂带入的固定系统误差。

⑥ 对称消除法　在测量时，选定某点为中心测量值，并对该点以外的测量点作对称安排，如图 2-1 所示。图中 y 为系统误差，x 为被测的量。若以某一时刻 y_4 为中点，则对称于此点的各对系统误差 y 的算术平均值必相等，即 $y_4=\dfrac{y_1+y_7}{2}=\dfrac{y_2+y_6}{2}=\dfrac{y_3+y_5}{2}$。根据这一性质，用对称测量可以很有效地消除线性系统误差。因此，对称测量具有广泛的应用范围，但须注意，相邻两次测量之间的时间间隔应相等，否则会失去对称性。

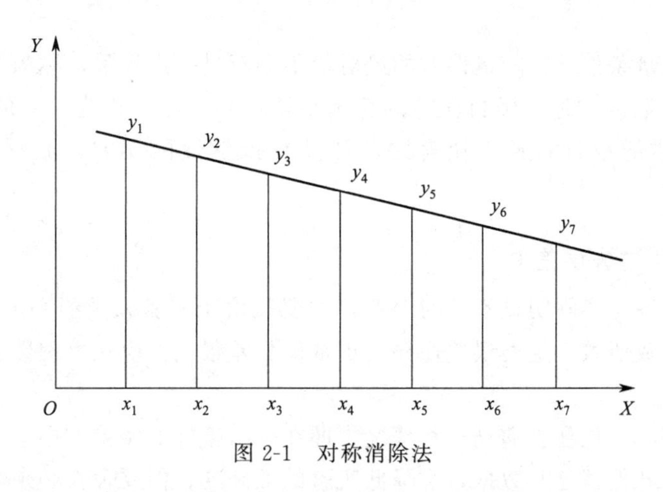

图 2-1　对称消除法

⑦ 半周期消除法　对于周期性误差，可以相隔半个周期进行一次测量，然后以两次读数的算术平均值作为测量值，即可有效地消除周期性系统误差。例如，指针式仪表刻度盘偏心所引出的误差，可采用相隔 180°的一对或几对指针标出的读数，取平均值加以消除。

⑧ 回归消除法　在实验或科研中，估计某一因数是产生系统误差的根源，但又制作不出简单的修正表，也找不到被测值（因变量）与影响因素（自变量）之间的函数关系，此时也可借助回归分析法（详见下一章）得以对该因素所造成的系统误差进行修正。

（3）系统误差消除程度的判别准则　实际上，在实验和科研试验中，不管采用哪一种消除系统误差的方法，都只能做到将系统误差减弱到某种程度，使它对测量结果的影响小到可以忽略不计，而不能完全消除误差。对测量尚有影响的系统误差称为微小系统误差。那么残余影响小到什么程度才可以忽略不计呢？

若某一项微小系统误差或某几项微小系统误差代数和的绝对误差 $D(z)$，不超过测量总绝对误差 $D(x)$ 最后一位有效数字的 1/2，按有效数字位舍入原则，就可以把它舍弃。

若绝对误差取两位有效数字，则 $D(z)$ 可忽略的准则为 $D(z) \leqslant \frac{1}{2} \times \frac{D(x)}{100} = 0.005D(x)$；

若误差仅由一位有效数字表示时，则 $D(z)$ 可忽略的准则为 $D(z) \leqslant \frac{1}{2} \times \frac{D(x)}{10} = 0.05D(x)$。

2. 随机误差（偶然误差）

在已经消除系统误差后，所测数据仍在末位的一位或者两位数字上有差别，而且他们的绝对值和符号的变化没有确定规律，这就是随机误差。随机误差产生的原因不明，在相同条件下作多次测量，其误差数值和符号不确定，没有固定大小和偏向。如果对某一量进行足够多次的等精度测量，就会发现随机误差完全服从统计规律，所以研究随机误差可采用概率统计方法，随机误差的大小或者正负服从统计规律。随着测量次数的增加，随机误差的算术平均值可以减小，但不会消除。因此，多次测量值的算术平均值接近于真值。

实验与理论均证明，正态分布能描述大多数实验中的随机测量值和随机误差的分布。随机误差具有以下特性：

（1）绝对值相等的正负误差出现的概率相等，纵轴左右对称，称为误差的对称性。

（2）绝对值小的误差比绝对值大的误差出现的概率大，曲线的形状是中间高两边低，称为误差的单峰性。

（3）在一定测量条件下，随机误差的绝对值不会超过一定界限，称为误差的有界性。

（4）随测量次数的增加，随机误差的算术平均值趋于零，称为误差的抵偿性。抵偿性是随机误差最本质的统计特性，换言之，凡具有抵偿性的误差，原则上均按随机误差处理。

3. 粗大误差（过失误差）

粗大误差是一种与实际明显不符的误差，主要是由于实验人员粗心大意，如读数错误、记录错误或操作失败所致。这类误差往往与正常值相差很大，应在整理数据时依据常用的准则加以剔除。

整理实验数据时，往往会遇到这种情况，即在一组很好的实验数据里，发现少数几个偏差特别大的数据。若保留这些数据，会降低实验的准确度；但要舍去必须慎重，有时实测中出现的异常点，常是新发现的源头。对于此类数据的保留与舍弃，其逻辑根据在于随机误差理论的应用，需用比较客观的可靠判据作为依据。如果有条件，可以在测量点附近重复实验以帮助判断和确认。

值得注意的是，上述三种误差之间，在一定条件下可以互相转化。例如：尺子刻度划分有误差，对尺子制造者而言是随机误差；一旦用它进行测量，该尺的刻度对测量结果将形成系统误差。随机误差和系统误差间并不存在绝对的界限。同样，对于粗大误差，有时也难以和随机误差相区别，从而当作随机误差来处理。

(三)误差估算

1. 单次测量的误差估算

如果在实验中，由于条件不许可，或要求不高等原因，对一个物理量的直接测量只进行一次，这时可以根据实际情况，对测量值的误差进行合理的估计。下面介绍如何根据所使用的仪表估算一次测量值的误差。对于给出准确度等级类的仪表（如电工仪表、转子流量计等），准确度常采用仪表的最大引用误差和准确度等级来表示。其中仪表的最大引用误差的定义为：

$$\text{最大引用误差}=\frac{\text{仪表示值的绝对误差值}}{\text{该仪表相应档次量程的绝对值}} \tag{2-6}$$

式中，仪表示值的绝对误差值是指在规定的正常情况下，被测参数测量值与标准值之差的绝对值的最大值。对于多挡仪表，不同挡位示值的绝对误差和量程范围均不相同。式(2-6)表明，若仪表示值的绝对误差相同，则量程范围愈大，最大引用误差愈小。

我国电工仪表的准确度等级有七种：0.1、0.2、0.5、1.0、1.5、2.5、5.0。一般来说，如果仪表的准确度等级为 P 级，则说明该仪表最大引用误差不会超过 $P\%$，而不能认为它在各刻度点上的示值误差都具有 $P\%$的准确度。

设仪表的准确度等级为 P 级，则最大引用误差为 $P\%$。设仪表的量程范围为 $x_{\text{量程}}$，仪表的示值为 x，则该示值的误差为

$$\text{绝对误差:}D(x)=P\%\leqslant x_{\text{量程}}\times P\% \tag{2-7}$$

$$\text{相对误差:}E_{\mathrm{r}}(x)=\frac{D(x)}{x}\leqslant\frac{x_{\text{量程}}}{x}\times P\% \tag{2-8}$$

式(2-7) 和式(2-8) 表明：若仪表的准确度等级 P 和量程范围 $x_{\text{量程}}$ 已固定，则测量的示值 x 越大，测量的相对误差愈小；选用仪表时，不能盲目地追求仪表的准确度等级。因为测量的相对误差还与$\frac{x_{\text{量程}}}{x}$有关。应该兼顾仪表的准确度等级和$\frac{x_{\text{量程}}}{x}$两者。

例 2-1：今欲测量大约 90V 的电压，实验室有 0.5 级 0～300V 和 1.0 级 0～100V 的电压表，问选用哪一种电压表测量较好？

解：用 0.5 级 0～300V 的电压表测量 90V 时的最大相对误差为

$$E_{\mathrm{r}}(x)=\frac{x_{\text{量程}}}{x}\times P\%=\frac{300}{90}\times 0.5\%=1.7\%$$

而用 1.0 级 0～100V 的电压表测量 90V 时的最大相对误差为

$$E_{\mathrm{r}}(x)=\frac{x_{\text{量程}}}{x}\times P\%=\frac{100}{90}\times 1.0\%=1.1\%$$

所以选用 1.0 级 0～100V 的电压表测量较好。

此例说明，如果选择恰当，用量程范围适当的 1.0 级仪表进行测量，能得到比用量程范围大的 0.5 级仪表更准确的结果。因此，在选用仪表时，要纠正单纯追求准确度等级“越高越好”的倾向，而应根据被测量数据的大小，兼顾仪表的级别和测量上限，合理选择仪表。

对于没有给出准确度等级类的仪表（如指针式天平类等），准确度用式(2-9) 表示：

$$\text{仪表的准确度}=\frac{0.5\times\text{名义分度值}}{\text{量程的范围}} \tag{2-9}$$

其中名义分度值是指测量仪表最小分度所代表的数值。如 TG-328A 型天平，其名义分度值为 0.1mg，测量范围为 0～200g，则其仪表准确度$=\frac{0.5\times0.1}{(200-0)\times10^3}=2.5\times10^{-7}$。

若仪器的准确度已知，也可用式(2-9) 求得其名义分度值。使用这类仪表时，测量值的绝对误差 $D(x)\leqslant0.5\times$名义分度值，相对误差 $E_r(x)=\frac{0.5\times\text{名义分度值}}{\text{测量值}}$

从这两类仪表看，当测量值越接近于量程上限时，其测量准确度越高；测量值越远离量程上限时，其测量准确度越低。这就是使用仪表时，尽可能在仪表满刻度值 2/3 以上量程内进行测量的缘由所在。

2. 多次测量的误差估算

如果一个物理量的值是通过多次测量得出的，那么该测量值的误差可通过标准误差来估算。设某一量重复测量了 n 次，各次测量值为 x_1、x_2、…、x_n，则有：

$$\text{平均值}\bar{x}=(x_1+x_1+\cdots+x_n)/n \tag{2-10}$$

$$\text{标准误差}\ \sigma=\sqrt{\sum(x_i-\bar{x})^2/(n-1)} \tag{2-11}$$

$\bar{x}$ 的绝对误差和相对误差按式(2-7) 和式(2-8) 估算。

三、实验数据的有效数字和记数法

（一）有效数字

在数学中，有效数字是指一个数中的第一个非零数字起，到末尾数字止的所有数字，如 0.0618，前面两个 0 不是有效数字，后面的 6、1、8 均为有效数字。科学记数法中，有效数字不计 10 的 N 次方，如 3.019×10^5，含四位有效数字，分别为 3、0、1、9；而 12.3450kg，含六位有效数字，后面的 0 也算有效数字。

为了明确地读出有效数字位数，建议用科学记数法，写成一个小数与相应 10 的幂的乘积。若 1010 的有效数字为 4 位，则可写成 1.010×10^3。有效数字为三位的数 360000 可写成 3.60×10^5，0.000388 可写成 3.88×10^{-4}。这种记数法的特点是小数点前面永远是一位非零数字，乘号“×”前面的数字都为有效数字。这种科学计数法表示的有效数字位数一目了然，如表 2-1 所示。

表 2-1　有效数字位数

数字	有效数字位数
0.0044	2
8.700×10^3	4
8.7×10^3	2
0.004400	4
1.000	4
3800	可能是 2 位，也可能是 3 位或 4 位

在测量中，有效数字是指在分析工作中实际能够测量到的数字。能够测量到的是包括最后一位估计的、不确定的数字。我们把通过直读获得的准确数字叫做可靠数字；把通过估读得到的数字叫做存疑数字。把测量结果中能够反映被测量大小的带有一位存疑数字的全部数

字叫有效数字。例如，如果秤仅测量到最接近的克，读数为 12.345kg（含五位有效数字）。在实验测量中所使用的仪器仪表只能达到一定的准确度，例如，若标尺的最小分度为 1mm，其读数可以读到 0.1mm（估读值），例如 762.5mm，数据的有效数字是四位，还可以表示为 76.25cm，0.7625m，其准确度相同，但小数点的位置不同。数据中小数点的位置在前或在后仅与所用的测量单位有关。因此，测量或计算的结果不可能也不应该超越仪器仪表所允许的准确度范围。

实验数据（包括计算结果）的准确度取决于有效数字的位数，而有效数字的位数又由仪器仪表的准确度来决定。换言之，实验数据的有效数字位数必须反映仪表的准确度和存疑数字位置。在实验中无论是直接测量或是计算获得的数据，保留的有效数字应遵循数字舍入规则：对于位数很多的近似数，当有效位数确定后，应将多余的数字舍去。舍去多余数字常用四舍五入法。这种方法简单、方便，适用于舍、入操作不多且准确度要求不高的场合，但是这种方法见大于 5 就入，易使所得数据偏大。下面介绍新的舍入规则是：

（1）若舍去部分的数值，大于保留部分末位的半个单位，则末位加 1；

（2）若舍去部分的数值，小于保留部分末位的半个单位，则末位不变；

（3）若舍去部分的数值，等于保留部分末位的半个单位，则末位凑成偶数。换言之，当末位为偶数时，则末位不变；当末位为奇数时，则末位加 1。

表 2-2 将左列的数据保留四位有效数字

近似数	保留四位有效数字后
3.14159	3.142
2.71729	2.717
2.51050	4.510
3.21567	3.216
5.6235	5.624
6.378501	6.379
7.691499	7.691

在四舍五入法中，是舍是入只看舍去部分的第一位数字。在新的舍入方法中，是舍是入应看整个舍去部分数值的大小，具体举例见表 2-2。新的舍入方法的科学性在于：将“舍去部分的数值恰好等于保留部分末位的半个单位”的这一特殊情况，进行特殊处理，根据保留部分末位是否为偶数来决定是舍还是入。因为偶数奇数出现的概率相等，所以舍、入概率也相等。在大量运算时，这种舍入方法获得的计算结果对真值的偏差趋于零。

（二）直接测量值的有效数字

有效数字与数学的数有着不同的含义，数学上的数只表示大小，有效数字则不仅表示量的大小，还表示了称量误差，反映了所用仪器的准确程度。直接测量值的有效数字主要取决于读数时能读到哪一位。比如一支 50mL 滴定管的最小分度是 0.1mL，说明可以精确到$\frac{0.1}{10}$mL，即读数能估读到小数点后第 2 位，如 30.24mL，有效数字是四位。若滴定管内液面正好位于 30.2mL 刻度上，则数据应记为 30.20mL，有四位有效数字（不能记为 30.2mL）。在此，所记录的有效数字中，必须有一位而且只能是最后一位，是在一个最小分度范围内估读出的，而其余几位数是从刻度上准确读出的。由此可知，在记录直接测量值时，所记录的数字应该是有效数字，其中应保留且只能保留一位估读数字。

对感量（最小能感应到的变化量，电子秤则对应所能显示的最小刻度）为 0.1g 的台秤称 5.7g NaCl，绝对误差为 0.1g，相对误差为

$$\frac{0.1}{5.7}\times100\%=2\%$$

“取 5.7g NaCl”，这不仅说明 NaCl 质量 5.7g，而且表明用感量 0.1g 的台秤称就可以了，若是“取 5.7000g NaCl”，则表明一定要在分析天平上称取。例如，用感量为 0.0001g 的分析天平称 5.7000g NaCl，绝对误差为 0.0001g，相对误差为

$$\frac{0.0001}{5.7000}\times100\%=0.002\%$$

如果最小分度不是 1（或 $1\times10^{\pm n}$）个单位，其读数方法可按下面的方法来读，如表 2-3 所示。

最小分度是 2 的（包括 0.2、0.02 等）仪器仪表，采用$\frac{1}{2}$估读，如仪器的最小分度值为 0.2，则 0.1、0.3、0.5、0.7、0.9 都是估读，即读到最小刻度所在的这一位。又如一个 10mL 的微量滴定管，其最小分度为 0.05，则 0.01、0.02、0.03、0.04、0.06、0.07、0.08、0.09 等都是估读的，也就是读到最小刻度所在的这一位，这类情况都不必再估读到下一位。

表 2-3　最小分度不是 1（或 $1\times10^{\pm n}$）个单位时的读数方法

序号	读数		绝对误差	有效数字位数
	R_A	R_B	$D(R)$	
1	3.3	5.5	0.5	2
2	0.6	4.5	0.25(0.3)	1～2
3	0.3	4.75(4.8)	0.2	1～2
4	2.80	5.11	0.05	3

（三）非直接测量值的有效数字

参加运算的常数 π、e、g 的数值以及某些因子如 $\sqrt{2}$、1/3 等的有效数字，取几位为宜，原则上取决于计算所用原始数据的有效数字位数。假设参与计算的原始数据中，位数最多的有效数字是 n 位，则引用上述常数时宜取 $n+2$ 位，目的是避免常数的引入造成更大误差。工程上，在大多数情况下，对于上述常数可取 5～6 位有效数字，如取 π＝3.14159，e＝2.71828，g＝9.80665；在数据运算过程中，为兼顾结果精度和运算方便，所有的中间运算结果一般宜取 5～6 位有效数字。

表示误差大小的数据一般宜取 1 位或 2 位有效数字，必要时还可多取几位。由于误差是用来为数据提供准确程度信息的，为避免过于乐观，并提供必要的保险，故在确定误差的有效数字时，也用截断的办法，然后将保留数字末位加 1，以使给出的误差值大一些，而无须考虑前面所说的数字舍入规则。如误差为 0.2412，可写成 0.3 或 0.25。

作为最后实验结果的数据是间接测量值时，其有效数字位数的确定方法为：先对其绝对误差的数值按上述方法截断后，按照保留数字末位加 1 的原则进行处理，保留 1～2 位有效数字，然后令待定位的数据与绝对误差值以小数点为基准相互对齐。待定位数据中，与绝对

误差首位有效数字对齐的数字，即所得有效数字仅末位估计值。最后按前面讲的数字舍入规则，将末位有效数字右边的数字舍去。

例如，$y=9.80113824$，误差 $D(y)=0.004536$（单位暂略），取 $D(y)=\pm0.0046$（截断后末位加 1，取两位有效数字），以小数点为基准对齐 9.801-13824/0.004-6，故该数据应保留 4 位有效数字。按数字舍入原则，该数据 $y=9.801$。同理，$y=6.325\times10^{-8}$，$D(y)=\pm0.8\times10^{-9}$（单位暂略），取 $D(y)=\pm0.8\times10^{-9}=\pm0.08\times10^{-8}$，使 $D(y)$ 和 y 都是 10^{-8}，以小数点为基准对齐 $6.32\text{-}50\times10^{-8}/0.08\times10^{-8}$，可见该数据应保留 3 位有效数字。经舍入处理后，该数据 $y=6.32\times10^{-8}$。

（四）间接测量值的误差估算

间接测量值是由一些直接测量值按一定的函数关系计算而得，如雷诺数 $Re=du\rho/\mu$ 就是间接测量值，由于直接测量值有误差，因而使间接测量值也必然有误差。怎样由直接测量值的误差估算间接测量值的误差，这就涉及误差的传递问题，此处限于篇幅不展开讨论，仅做简要描述。

比如，和、差的绝对误差的平方，等于参与加减运算的各项的绝对误差的平方之和；而常数与变量乘积的绝对误差等于常数的绝对值乘以变量的绝对误差。通常建议对于中间计算结果，可人为多取几位有效数字位，以尽可能减小计算引入的相对误差。

又如，积和商的相对误差的平方，等于参与运算的各项的相对误差的平方之和。而幂运算结果的相对误差，等于其底数的相对误差乘其指数的绝对值。因此，乘除法运算进行得愈多，计算结果的相对误差也就愈大。

第三章

实验数据处理

实验结果最初常以数据的形式表达，要进一步得出结果，必须对实验数据进行整理，才能更清楚地了解各变量之间的定量关系，以便结合实验现象，提出新的研究方案或得出实验机理，指导生产与设计。随着计算机的普及，能够熟练使用数据处理软件 Excel 或者 Origin 进行科学计算和图形绘制，提高处理数据的效率和准确性，可以达到事半功倍的效果。

一、列表法

列表法通常是整理数据的第一步，就是将实验数据列成表格，为绘制曲线图或整理成数学公式打下基础。实验数据表一般分为两大类：原始记录数据表和整理计算数据表。原始记录数据表必须在实验前设计好，以清楚地记录所有待测数据；整理计算数据表应简明扼要，只表达主要物理量（参变量）的计算结果，有时还可以列出实验结果的最终表达式。

拟定实验数据表应注意的事项：

(1) 数据表的表头要列出物理量的名称、符号和单位。符号与单位之间用斜线“/”隔开。斜线不能重叠使用。单位不宜混在数字之中，造成分辨不清。

(2) 要注意有效数字位数，即记录的数字应与测量仪表的准确度相匹配，不可过多或过少。

(3) 物理量的数值较大或较小时，要用科学记数法来表示。以“物理量的符号$\times 10^{\pm n}$/单位”的形式，将 $10^{\pm n}$ 记入表头。注意：表头中的 $10^{\pm n}$ 与表中的数据应服从公式：物理量的实际值$\times 10^{\pm n}$＝表中数据。

(4) 同一个表尽量不跨页，必须跨页时，在此页上须注上“续表……”。

(5) 数据表格要正规，数据一定要书写清楚整齐，不得潦草。修改时宜用单线将错误的划掉，将正确的写在下面。各种实验条件及作记录者的姓名可作为“表注”写在表的上方。

二、图示法

实验数据图示法的优点是直观清晰，便于比较，容易看出数据中的极值点、转折点、周期性、变化率以及其他特性。准确的图形还可以在不知数学表达式的情况下进行微积分运算，因此图示法应用广泛。图示法的第一步就是按列表法的要求列出因变量 y 与自变量 x 相对应的 y_i 与 x_i 数据表格。作曲线图时必须依据一定的法则，只有遵守这些法则，才能得到与实验点位置偏差最小且光滑的曲线图形。

（一）坐标纸的选择

化工中常用的坐标系为直角坐标系，包括笛卡尔坐标系（又称普通直角坐标系）、半对数坐标系和对数坐标系（双对数）。应根据数据的特点来选择合适的坐标系。市场上有相对应的坐标纸出售，也可以用相关的数据处理软件来绘制，如 Excel 或者 Origin。

对数坐标轴上，每一个数量级的距离都是相等的，某点与原点的实际距离为该点对应数据的对数值，但是在该点标出的值是真数。对数坐标轴的原点对应刻度为 1，而普通坐标轴的原点刻度是 0。半对数坐标系的一个轴是分度均匀的普通坐标轴，另一个轴是分度不均匀的对数坐标轴；双对数坐标系中两个坐标轴都是分度不均匀的对数坐标轴。双对数坐标系中，由于对数坐标的示值是 x 而不是 $\lg x$，所以在求直线斜率时，务必用对数计算。

$$斜率=\frac{\lg y_2-\lg y_1}{\lg x_2-\lg x_1} \tag{3-1}$$

应当特别注意：由于对数坐标的示值 x 和 y，而不是 $\lg x$ 和 $\lg y$，故在求取直线斜率时，务必用式(3-1) 计算。

通常，以下情况可以选择用半对数坐标纸：

(1) 变量之一在所研究的范围内发生了几个数量级的变化。

(2) 在自变量由 0 开始逐渐增大的初始阶段，当自变量的少许变化引起因变量极大变化时，采用半对数坐标纸，曲线最大变化范围可伸长，使图形轮廓清楚。

(3) 需要将某种函数变换为直线函数关系，如指数 $y=ae^{bx}$ 函数，$\lg y$ 与 x 呈线性关系。

使用双对数坐标纸的情况列举如下：

(1) 所研究的函数 y 和自变量 x，在数值上均发生了几个数量级的变化。例如，已知 x 和 y 的数据为：

$x=10,20,40,60,80,100,1000,2000,3000,4000$；

$y=2,14,40,60,80,100,177,181,188,200$。

在直角坐标纸上作图（图 3-1），几乎不可能描出 $x=10$、20、40、60、80 时曲线开始部分的点，但是若采用对数坐标纸则可以得到比较清楚的曲线，如图 3-2 所示。

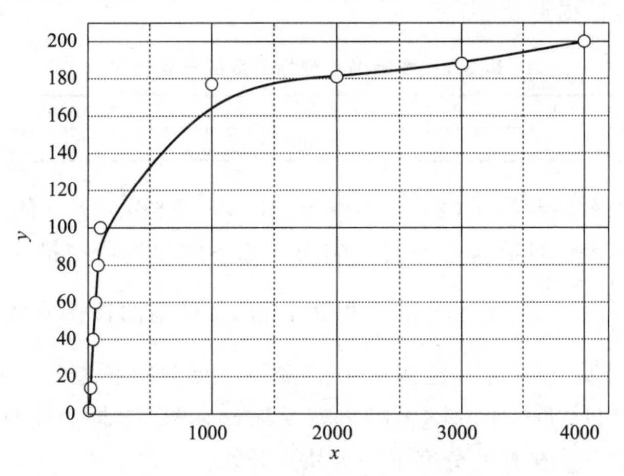

图 3-1　x 和 y 的数据在直角坐标纸上的图形

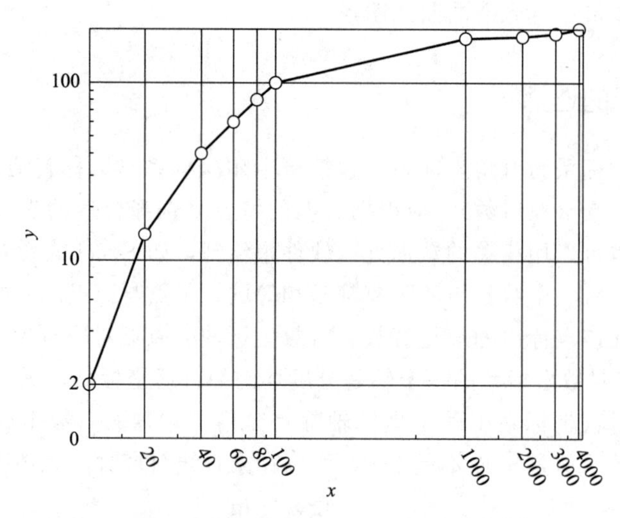

图 3-2　在双对数坐标纸上描绘图 3-1 的实验数据

（2）需要将曲线开始部分划分成展开的形式。

（3）当需要变换某种非线性关系为线性关系时，例如，抛物线 $y=ax^b$ 函数。

（二）坐标分度的确定

坐标分度是指每条坐标轴所能代表的物理量的大小，即指坐标轴的比例尺。如果选择不当，那么根据同组实验数据作出的图形就会失真而导致结论错误。

坐标分度正确的确定方法：

（1）在已知 x 和 y 的测量误差分别为 $D(x)$ 和 $D(y)$ 的条件下，比例尺的取法通常是将 $2D(x)$ 和 $2D(y)$ 构成的矩形近似为正方形，并使 $2D(x)=2D(y)=2\text{mm}$。根据该原则即可求得坐标比例常数 M。

x 轴比例常数 $M_x=\dfrac{2}{2D(x)}=\dfrac{1}{D(x)}$；$y$ 轴比例常数 $M_y=\dfrac{2}{2D(y)}=\dfrac{1}{D(y)}$。

其中 $D(x)$、$D(y)$ 的单位为物理量的单位。

现已知一组实验数据见表 3-1。

表 3-1　举例确定坐标分度的一组数据

x	1.00	2.00	3.00	4.00
y	8.00	8.20	8.30	8.00

如果数据 y 的测量误差为 0.02，则有 $y\pm D(y)=y\pm 0.02$；x 的测量误差为 0.05，则有 $x\pm D(x)=x\pm 0.05$。按照这个原则，应当在如下的比例尺中描绘该组实验数据，即 x 轴的比例常数：$\dfrac{1}{D(x)}=\dfrac{1}{0.05}=20$（mm/单位 x 值），y 轴的比例常数：$\dfrac{1}{D(y)}=\dfrac{1}{0.02}=50$（mm/单位 y 值），于是，在这个比例尺中的实验“点”的底边长度将等于 $2D(x)=2\times 0.05\times 20=2\text{mm}$，高度 $2D(y)=2\times 0.02\times 50=2\text{mm}$。图 3-3 即为按照这种坐标比例尺所描绘出的曲线图形，图中 y 坐标的分度不一定从 0 开始。

（2）若不知道测量数据的误差，那么坐标轴的分度应与实验数据的有效数字位数相匹

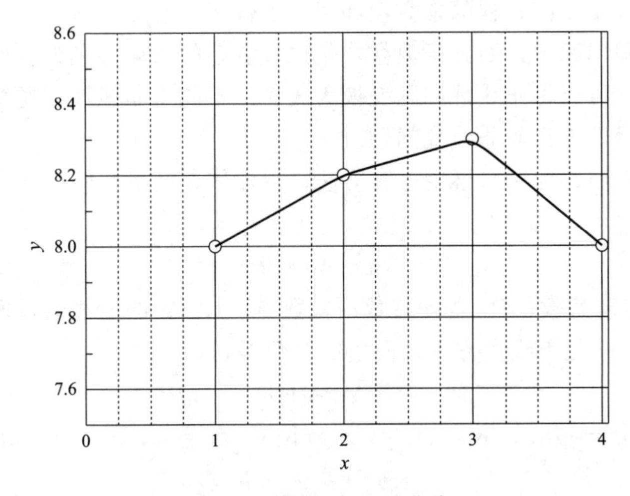

图 3-3　正确比例尺的曲线

配，即实验曲线坐标读数的有效数字位数与实验数据的位数相同。

在一般情况下，坐标轴比例尺的确定，应既不会因比例常数过大而损失实验数据的准确度，又不会因比例常数过小而造成图中数据点分布异常的假象。为此：

① 推荐让坐标轴的比例常数 $M=(1、2、5)\times10^{\pm n}$（$n$ 为正整数），而 3、6、7、8 等的比例常数绝不可用，后者的比例常数会引起图形的绘制麻烦，也极易引出错误。

② 若根据数据 x 和 y 的绝对误差 $D(x)$ 和 $D(y)$ 求出的坐标比例常数 M 不等于 M 的推荐值，可选用稍小的推荐值，将图适当地画大一些，以保证数据的准确度不因作图而损失。

（三）其他注意事项

图线要光滑。手绘图可以利用曲线板等工具将各离散点连接成光滑曲线，并使曲线尽可能通过较多的实验点，或者使曲线以外的点尽可能位于曲线附近，并使曲线两侧的点数大致相等。

定量绘制的坐标图，其坐标轴上必须标明该坐标所代表的变量名称、符号及所用的单位。如离心泵特性曲线的横轴就必须标上：流量 $q_v/(m^3/h)$。

图必须有图号和图题（图名），以便于引用。必要时还应有图注。

不同线上的数据点可用○、△等不同符号表示，且必须在图上明显地标出。

三、实验数据的回归

在取得两个变量的实验数据之后，在普通直角坐标纸上标出各个数据点后，如果各点的分布近似于一条直线，则可以考虑用线性回归法求其表达式。鉴于现在电脑的普及，使用 Excel 或者 Origin 等作图软件，可以很方便地获得数据点的回归表达式和相关系数 R 并且在图上标注，故具体计算过程在此不再赘述。相关系数 R 是用来说明两个变量线性关系密切程度的一个数量性指标，相关系数的绝对值越接近于 1，自变量和因变量之间的线性相关性越好。

在多数实际问题中，自变量的个数往往不止一个，而因变量只有一个。这类问题称为多元回归问题。多元线性回归分析在原理上与一元线性回归分析完全相同，可以采用最小二乘法建立正规方程，确定回归方程的常数项和回归系数。

在许多实际工程问题中，回归函数往往是比较复杂的非线性函数。非线性函数的求解一般可以分为两大类：可以将非线性问题变换为线性；不能将非线性问题变换为线性。这里主要讨论可以变换为线性方程的非线性问题。

现以二元非线性回归为例来说明这种方法，以流体在圆形直管内作强制湍流时的对流传热关联式为例。

$$Nu = ARe^m Pr^n \tag{3-2}$$

式中，Nu 为努塞特数；Pr 普朗特数；常数 A、m、n 的值将通过回归求得。

首先将式(3-2) 转化为线性方程，两边取对数得到：

$$\lg Nu = \lg A + m\lg Re + n\lg Pr \tag{3-3}$$

令 $y=\lg Nu$，$x_1=\lg Re$，$x_2=\lg Pr$，$b_0=\lg A$，$b_1=m$，$b_2=n$，则式(3-3) 转化为：

$$y = b_0 + b_1 x_1 + b_2 x_2 \tag{3-4}$$

由实验所得数据列于表 3-2 中，线性变换后的计算结果见表 3-3，相应的理论知识参见周爱月等编著的《化工数学》。

表 3-2　实验数据表

序号	$Nu\times10^{-2}$	y	$Re\times10^{-4}$	x_1	Pr	x_2
1	1.8016	2.2557	2.4465	4.3885	7.76	0.8899
2	1.6850	2.2266	2.3816	4.3769	7.74	0.8887
3	1.5069	2.1781	2.0519	4.3122	7.70	0.8865
4	1.2769	2.1062	1.7143	4.2341	7.67	0.8848
5	1.0783	2.0327	1.3785	4.1394	7.63	0.8825
6	0.8350	1.9217	1.0352	4.0150	7.62	0.8820
7	0.4027	1.6050	1.4202	4.1523	0.71	−0.1487
8	0.5672	1.7537	2.2224	4.3468	0.71	−0.1487
9	0.7206	1.8577	3.0208	4.4801	0.71	−0.1487
10	0.8457	1.9272	3.7772	4.5772	0.71	−0.1487
11	0.9353	1.9710	4.4459	4.6480	0.71	−0.1487
12	0.9579	1.9813	4.5472	4.6577	0.71	−0.1487

表 3-3　回归计算值

序号	x_1	x_2	y	x_1^2	x_2^2	y^2	x_1x_2	x_1y	x_2y
1	4.3885	0.8899	2.2557	19.2589	0.7919	5.0882	3.9053	9.8991	2.0073
2	4.3769	0.8887	2.2266	19.1572	0.7898	4.9577	3.8898	9.7456	1.9788
3	4.3122	0.8865	2.1781	18.5951	0.7859	4.7441	3.8228	9.3924	1.9309
4	4.2341	0.8848	2.1062	17.9276	0.7829	4.4361	3.7463	8.9179	1.8636
5	4.1394	0.8825	2.0327	17.1346	0.7788	4.1319	3.6530	8.4142	1.7939
6	4.0150	0.8820	1.9217	16.1202	0.7779	3.6929	3.5412	7.7156	1.6949
7	4.1523	−0.1487	1.6050	17.2416	0.0221	2.5760	−0.6174	6.6644	−0.2387
8	4.3468	−0.1487	1.7537	18.8947	0.0221	3.0755	−0.6464	7.6230	−0.2608
9	4.4801	−0.1487	1.8577	20.0713	0.0221	3.4510	−0.6662	8.3227	−0.2762
10	4.5772	−0.1487	1.9272	20.9508	0.0221	3.7141	−0.6806	8.8212	−0.2866
11	4.6480	−0.1487	1.9710	21.6039	0.0221	3.8848	−0.6912	9.1612	−0.2931
12	4.6577	−0.1487	1.9813	21.6942	0.0221	3.9255	−0.6926	9.2283	−0.2946
Σ	52.3282	4.4222	23.8169	228.6501	4.8398	47.6778	18.5640	103.9056	9.6194

回归直线正好通过离散点的平均值 ($\bar{x}$，$\bar{y}$)，为计算方便，令：

$$l_{22}=\sum(x_i-\bar{x})^2=\sum x_i^{\ 2}-n\bar{x}^2=\sum x_i^{\ 2}-(\sum x_i)^2/n \tag{3-5}$$

$$l_{yy}=\sum(y_i-\bar{y})^2=\sum y_i^{\ 2}-n\bar{y}^2=\sum y_i^{\ 2}-(\sum y_i)^2/n \tag{3-6}$$

$$l_{xy}=\sum(x_i-\bar{x})(y_i-\bar{y})=\sum x_iy_i-n\bar{x}\bar{y}=\sum x_iy_i-[(\sum x_i)(\sum y_i)]/n \tag{3-7}$$

由表 3-3 计算结果可得正规方程中的系数和常数值，见表 3-4。根据表中数据可列出正规方程组。

表 3-4　正规方程中的系数和常数值

名称	l_{11}	$l_{12}=l_{21}$	l_{22}	l_{1y}	l_{2y}	l_{yy}	$\bar{y}$	$\bar{x}_1$	$\bar{x}_2$
数值	0.4634	−0.7198	3.2102	0.0476	0.8425	0.4076	1.9847	4.3607	0.3685

正规方程组 $\begin{cases} 0.4634b_1-0.7198b_2=0.0476 \\ -0.7198b_1+3.2102b_2=0.8425 \end{cases}$

解此方程得 $b_1=0.783$，$b_2=0.438$。

因为 $b_0=\bar{y}-b_1\bar{x}_1+b_2\bar{x}_2$，

则有 $b_0=1.9847-0.783\times4.3607-0.438\times0.3685=-1.591$，

那么线性回归方程为

$$\hat{y}=b_0+b_1x_1+b_2x_2=-1.591+0.783x_1+0.438x_2 \tag{3-8}$$

从而求得对流传热关联式中各系数为：$m=b_1=0.783$；$n=b_2=0.438$，$A=10^{b_0}=0.026$。

准数关联式

$$\widehat{Nu}=0.026Re^{0.783}Pr^{0.438} \tag{3-9}$$

Nu 实测值和回归值的比较见表 3-5。

表 3-5　回归结果对照表

序号	1	2	3	4	5	6
$Nu\times10^{-2}$	1.8016	1.685	1.5069	1.2769	1.0783	0.835
$\widehat{Nu}\times10^{-2}$	1.7326	1.6943	1.5027	1.3015	1.0931	0.8712
序号	7	8	9	10	11	12
$Nu\times10^{-2}$	0.4027	0.5672	0.7206	0.8457	0.9353	0.9579
$\widehat{Nu}\times10^{-2}$	0.3937	0.5607	0.7146	0.8526	0.9697	0.9871

注：$\overline{Nu}=105.109$。

第四章

化工过程仪表、阀门和设备

一、分散式控制系统

在社会经济迅猛发展的背景下，化工企业大型工厂的过程控制也随着企业与新型科技间的接触逐渐增加，经过了许多阶段的演进。早期的控制是在设备的控制面板上，但这些设备分散在工厂各处，操作控制这些设备上的控制仪表面板需要大量人力和往返时间，而且无法看到工厂过程的全貌。这样的传统仪表无法满足现代工业的需求，已经逐渐退出历史舞台。

随着科学技术的不断发展，新一代的过程控制系统逐渐兴起。下一阶段的发展是将工厂所有分散设备的测量信号送到一个持续有人监控的中控室中。也就是将分散在各处的控制面板集中在一处，既可大幅降低对人力的需求，也更容易全面了解工厂的生产情况。再将自动或人工的控制信号从控制面板中集成的控制器传送到工厂不同位置的机器。这样可以将控制集中在中控器，但其配置缺乏灵活性，因为每一个控制环都有个别的控制器，操作人员仍需要在各控制面板之间来回走动，才能够观察过程内的不同环节。

随着电脑技术的不断发展，过程控制系统得到了进一步革新。离散式控制器被更换为以电脑为基础的算法，并放置在由许多输入输出模组组成的网络中，各模组有其控制器。此时，控制器可以分散在工厂各处，并与中控室的绘图显示器之间互相通信传递信息。这就是分散式控制系统（distributed control system，DCS）。

分散式控制系统将工厂中所有的控制信号集中到一个单一的控制站中，实现了对生产过程的全面监控和自动化控制。该系统可以进行复杂的警告处理、可以导入自动的事件记录等功能，不需要像是旧式图表记录器之类的实体记录。同时，控制盘可以放在邻近设备的位置，控制盘之间可用网络连接，从而缩短了控制盘和设备之间的配线长度。

发展中的分散式控制系统不只是单纯的过程控制，同时可以提供工厂状态以及生产层级的高层级概观资讯。DCS逐渐应用并普及到过程自动化领域中，已成为当前化工生产中的重要系统。

DCS常用在连续或者批量生产的系统中，使用电脑化控制系统，对生产过程进行监视、操作、管理和分散控制。在科学技术迅猛发展的背景下，该系统的数字化程度不断提升，内容和功能更加的丰富和健全，已经形成了一定的系统规定，容量也在逐渐提升，不但能够打破以往模拟仪表与集中控制中存在的各类缺陷和问题，还能够通过各个设备之间的有机联系，有效地实现顺序控制、配方控制、批量控制等，进而完成更加复杂的控制工作。DCS

系统主要由工程师站、操作员站、过程控制站、系统网络等部分构成，以过程控制站为中心，系统的主要功能均由此站来实现，目前该系统在化工总控工实训中有着十分广泛的应用。

DCS 系统软件部分主要包括流程图制作软件、系统组态软件、实时监控软件与报表制作软件。在化工总控工实训过程中，主要用于对流量、温度、液位、压差和加热功率等多方面参数的监测。通过 DCS 应用得出对应项目情况后，通过考核系统对实训操作中的相关数据进行收集和整理，整个评分过程采用裁判人为与电脑自动运算相结合的方式，充分体现出了客观性与公正性。

二、实训操作参数调控

（一）数字控制仪表介绍

在实训操作中用到的自动控制或显示仪表多集中安装在仪表控制箱中，实训中用到的数字控制仪表种类有 AI702、AI501 和 AI519。其中 AI702 型仪表功能相对简单，以数据的采集和显示为主，使用过程中不需要调节，在本书实训中仅用于温度或压力的采集和显示，比如传热过程中的温度显示和压力显示，精馏过程中的温度显示。除了对参数的采集显示之外，还需要对参数自动控制时，使用的仪表型号则为 AI501 和 AI519，尤其多用 AI519。

以上类型数字仪表的仪表面板均相同，如图 4-1 所示。以 AI501 型仪表为例，仪表上的 PV（工艺值）是实际测定值，SV（设定值）是设定的目标值。当需要对参数进行控制时，在仪表面板上的调节方式包含自动/手动两种功能。手动状态下，仪表的 SV 窗显示【Π XXX】，其中Π代表 M（手动操作）；需要切换为自动时，先按一下仪表按钮【◂】，仪表 SV 窗显示变为【A XXX】，其中 A 表示自动操作。此时再按一下仪表按钮【↻】（回车键），SV 窗显示变为没有任何显示或者【XXX】，即数字前没有任何符号，表示仪表处于自动控制状态。反向操作以上步骤可以变回手动状态，也就是在自动状态下，先按【↻】，然后【◂】，SV 窗口就会显示【Π】。

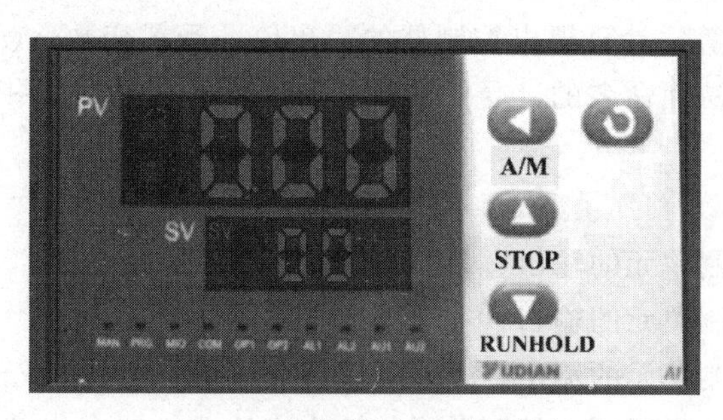

图 4-1　数字控制仪表面板图

如果仪表在工艺流程图上对应的仪表位号为 PIC101，表示被测物理量为压力，可以显示和控制。如果该物理量可以自动控制，则在自动控制状态下，可以用电脑端的 DCS 界面控制对应参数。以传热实训过程中孔板流量计压差 PIC101 测量为例，如图 4-2 所示，其中上面品红色窗口内的数字 3.14（黑色字）为实际值，与仪表控制柜中对应仪表的 PV 值相同，下面绿色窗口对应仪表的 SV 值 3.50，仪表位号以 C 字母结尾，表示是可控参数。鼠标左键点击绿色窗口，会跳出一个新的调整数值输入窗口，在窗口中输入新的 SV 值，回车确认即可。仪表在手动控制状态下，虽然在电脑端也可以在绿色窗口设置 SV 值，但是仪表没有响应，不能起到控制作用。

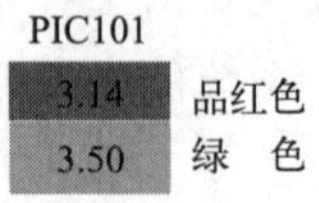

PIC101
3.14 品红色
3.50 绿 色

图 4-2 电脑 DCS 自动控制界面

仪表在自动控制状态下，若 SV 窗口有数字显示，表示除了用电脑调控仪表参数外，还可以直接按上下箭头按钮调节 SV 值；若 SV 窗口没有数字显示，则只能从电脑端控制参数，具体查看电脑端 DCS 界面对应的仪表位号，从电脑端调节参数。

需要注意的是，在自动和手动模式下，SV 视窗所显示数值对应的调节参数可能会有变化。例如，流体输送实训中的流体流量仪表，手动模式下 SV 视窗符号为Π，显示数值范围为 0～100，实际调节的是电动调节阀门开度，仪表输出信号实际上用于控制电动阀的开度，从而达到调节流量的目的；而在自动控制输出方式下，SV 视窗里没有任何符号，显示值不再是电动调节阀门的开度，而是所要控制的流量。同样，精馏输送实训中的回流罐液位调节仪表，手动模式下 SV 视窗符号为Π，显示数值范围为 0～100，实际调节的是回流泵的输出频率，通过调节回流泵的频率，达到调节管路流量的目的，从而间接调节回流罐液位高度。

控制仪表调控参数的主要方式是采用 PID 控制，我们通过仪表面板的按钮调控 SV 数值时，本质上是通过 PID 控制方式控制调节系统参数，使得测量的 PV 值达到或者保持在 SV 值。下面介绍 PID 控制方式的基本原理。

（二） PID 控制方式

1. PID 控制器介绍

PID 控制器（P，比例；I，积分；D，微分）是一个在工业控制应用中常见的反馈回路部件，这个控制器把采集到的数据（PV，工艺值，代表实测值）和一个目标值（SV，设定值，代表目标值；有时也被称为 SP）进行比较得到误差值，这个误差值由误差值衍生的信号作为输入，通过纠正算法计算得出控制器的输出值［受控变数 $u(t)$］。纠正算法有三种，PID 就是以三种纠正算法而命名的，受控变数是三种算法（比例、积分、微分）相加后的结果，见公式(4-1)。

$$u(t)=P_{out}+I_{out}+D_{out} \tag{4-1}$$

式中 P_{out}——比例控制单元的输出；

I_{out}——积分控制单元的输出；

D_{out}——微分控制单元的输出。

下面针对式(4-1) 简要展开各控制单元的输出表达式。其中比例控制单元（proportional，简称 P）考虑当前误差，将当前误差值和一个正值的常数 K_P（表示比例）相乘。K_P 只是在控制器的输出和系统的误差成比例的时候成立。比如说，设定一个电热器控制器在目标温度和采集到的温度差 10℃时有 100％的输出，那么当目标值 SV 为 25℃时，若采集温度 PV 值为 15℃，则 PID 输出值为 100％；若采集温度 PV 值为 20℃，则 PID 会输出 50％；若采集温度 PV 值为 24℃，则 PID 会输出 10％；注意：若在误差是 0 的时候，即温度差为 0℃控制器的输出也是 0。比例控制输出的公式为：

$$P_{out}=K_P e(t) \tag{4-2}$$

式中　P_{out}——比例控制单元的输出；

e——误差，误差＝设定值（SV）－工艺值（PV）；

t——当前时间；

K_P——调试参数：比例增益。

若比例增益大，在相同误差量下会有较大输出；但若比例增益太大，会使系统不稳定。相反，若比例增益小，在相同误差量下，则其输出较小，因此控制器敏感度较低；若比例增益太小，当有干扰出现时，其控制信号可能不够大，无法修正干扰的影响。

积分控制单元（integral，简称 I）考虑的是过去累计误差，将过去一段时间内误差值之和（误差和）乘以一个正值的常数 K_I，K_I 从过去的平均误差值来找到系统的输出结果（PV）和预定值（SV）的平均误差。一个简单的比例系统会震荡，会在预定值附近来回变化，是因为系统无法消除多余的纠正。通过加上负的平均误差值，平均系统误差值就会渐渐减少。所以，最终这个 PID 回路系统会在设定的 SV 值稳定下来。积分控制输出的公式为：

$$I_{out}=K_I\int_0^t e(\tau)\,d\tau \tag{4-3}$$

式中　I_{out}——积分控制单元的输出；

e——误差，误差＝设定值（SV）－工艺值（PV）；

τ——时间变量；

t——当前时间，为积分上限；

K_I——调试参数：积分增益。

积分控制会加速系统趋近设定值的过程，并且消除纯比例控制器会出现的稳态误差。积分增益 K_I 越大，趋近设定值的速度越快，不过因为积分控制会累计过去所有的误差，可能会使回授值出现过冲的情形。

微分单元（derivative，简称 D）对应的是未来误差，计算误差的一阶导数，并和一个正值的常数 K_D 相乘。这个导数的控制会对系统的改变作出反应。导数结果越大，则控制系统就对输出结果作出更快速的反应。这个 K_D 参数也是 PID 被称为可预测的控制器的原因。一些实际操作中速度变化缓慢的系统可以不需要 K_D 参数。微分控制输出的公式为：

$$D_{out}=K_D\frac{d}{dt}e(t) \tag{4-4}$$

式中　D_{out}——微分控制单元的输出；

e——误差，误差＝设定值（SV）－工艺值（PV）；

t——时间；

K_D——调试参数：微分增益。

微分控制可以提升整定时间及系统稳定性，这里整定时间是指放大器或控制系统在步阶输入后，输出到达最终值，且其误差可维持在一定范围（一般会对称于最终值）内的时间。不过因为纯微分器不是因果系统，也就是说系统的输出仅与当前与过去的输入有关，而与将来的输入无关，所以 PID 系统一般会为微分控制加上一个低通滤波器以限制高频增益及噪声。实际操作中相对较少用到微分控制，PID 控制器中只有约 20%有用到微分控制。

调整 PID 控制器的三个参数，改变这三个单元的增益 K_P，K_I 和 K_D 来满足设计需求，其实质是根据输入的偏差值，按比例、积分、微分的函数关系进行运算，将以上式(4-2)～式(4-4) 代入式(4-1) 中，展开得到式(4-5)。

$$u(t)=K_P e(t)+K_I\int_0^t e(\tau)\mathrm{d}\tau+K_D\frac{\mathrm{d}}{\mathrm{d}t}e(t) \tag{4-5}$$

PID 控制器的设计及调试基于以上三个参数，在原理上较容易说明，$u(t)$作为控制器的输出值，控制输出调节系统使数据达到或者保持在参考值 SV。但实际应用时，因为要符合一些特别的判据，PID 参数调试相对较困难。PID 的参数调试是指通过调整控制参数（比例增益、积分增益/时间、微分增益/时间）让系统达到最佳的控制效果。稳定性（不会有发散性的震荡）是首要条件，此外，不同系统有不同行为，不同应用的需求也不同，而且这些需求还可能会互相冲突。若有多个互相冲突的目标（例如高稳定性及快速的暂态时间）都要达到的话，实际上很难完成。而且 PID 控制器有其限制存在，可能 PID 参数调试方式会有不同，有一些已申请专利。

PID 控制器的参数若仔细调试，可以达到很好的效果。相反，若调适不当，则效果会很差。一般初始设计常需要不断的电脑模拟，并且修改参数，一直达到理想的性能或是可接受的状态为止。运算结果经输出，实现对系统的控制。控制器的响应可以用控制器对误差的反应快慢、控制器过冲的程度及系统震荡的程度来表示。该控制器主要适用于基本上线性，且动态特性不随时间变化的系统。用更专业的话来讲，PID 控制器可以视为是频域系统的滤波器。在计算控制器最终是否会达到稳定结果时，此性质很有用。

PID 控制从 20 世纪 30 年代末期出现以来，经长期的工程实践总结出了一套系统控制方法，该技术结构简单，参数调整方便，已成为模拟控制系统中技术最成熟、应用最广泛的一种控制方式。在工业过程控制中，由于难以建立被控对象精确的数学模型，系统的参数经常发生变化，从而运用控制理论分析综合代价比较大。若是不知道受控系统的特性，一般认为 PID 控制器是最适用的控制器，虽然不一定保证可达到系统的最佳控制，但是 PID 控制器可以根据历史数据和差别的出现率来调整输入值，使系统更加准确而稳定。对许多工业过程进行控制时，PID 控制器都能得到比较满意的效果，如汽车上的巡航定速功能。

2. AI 仪表中 PID 参数设置

PID 控制器可以用来控制任何可被测量及可被控制变量，如温度、压强、流量、化学成分、速度等等。实训中使用的 AI-519/501 型仪表，采用先进的 AI 人工智能 PID 调节算法，具有自整定（auto-tuning，AT）功能。在控制理论中，自整定可以在满足目标函数最大化或是最小化的情形下，将其内部运行参数进行最佳化，一般会是进行效率的最大化，或是错误的最小化。

表 4-1 中列出了流体输送综合实训装置中 AI 仪表的流体流量和合成器液位的建议参数范围，仅作为了解 AI 仪表的参考。PID 算法参数设置见其中的参数 P、I、D。其中 P（比例带）定义 PID 调节的比例带，单位与 PV 值相同。对于熟悉的系统，可以直接输入已知正确的 P、I、D，无需启动自整定（AT）功能。I（积分时间）定义 PID 调节的积分时间，单位是 s，I=0 时表示取消积分作用。d（微分时间）定义 PID 调节的微分时间，单位是 0.1s，d=0 时表示取消微分作用。

表 4-1　主要仪表内参数设定

参数	参数含义	流体流量(FIC-101)			合成器液位(LIC-102)		
		设置值	参数	设置值	设置值	参数	设置值
HIAL	上限报警	99.99	OPt	4～20	500	OPt	0～20
LoAL	下限报警	−99.9	Aut	4～20	−1000	Aut	SSr
HdAL	偏差上限报警	300.0	OPL	0	9999	OPL	0
LdAL	偏差下限报警	−99.9	OPH	100	−1999	OPH	80
AHYS	报警回差	0.20	OPrt	0	5	OPrt	0
AdIS	报警指示	on	OEF	300.0	on	OEF	30.00
AOP	报警输出定义	1111	Addr	6	31	Addr	9
CtrL	控制方式	APId	bAud	9600	APId	bAud	9600
Act	正/反作用	rE	AF	0	rE	AF	0
A-M	自动/手动控制选择	MAn	PASD	0	MAn	PASD	0
At	自整定	oFF	SPL	−99.9	oFF	SPL	−9.99
P	比例带	16.00	SPH	300.0	527	SPH	30.00
I	积分时间	5	SP1	12.00	10	SP1	480
d	微分时间	3.0	SP2	0.00	28	SP2	0
Ctl	控制周期	2.0	EP1	nonE	2.0	EP1	nonE
CHYS	控制回差(死区、滞环)	0.20	EP2	nonE	20	EP2	nonE
InP	输入规格代码	33	EP3	nonE	33	EP3	nonE
dPt	小数点位置	0.00	EP4	nonE	0	EP4	nonE
SCL	信号刻度下限	0.00	EP5	nonE	0	EP5	nonE
SCH	信号刻度上限	40.00	EP6	nonE	1000	EP6	nonE
Scb	输入平移修正	0.00	EP7	nonE	−20	EP7	nonE
FILt	输入数字滤波	19	EP8	nonE	1	EP8	nonE
Fru	电源频率与温度单位选择	50C			50C		

（三） AI-501 型仪表

传热过程中水蒸气的蒸汽压力是自动控制过程，自来水在蒸汽发生器中经加热产生蒸汽，经分气包由仪表控制压力，将蒸汽压力显示在 AI-501 显示仪上，具体过程如图 4-3 所示。蒸汽压力先通过 AI-501 型仪表设定，经过蒸汽发生器的压力缓冲罐来控制压力，缓冲罐内有一个压力传感器，通过压力传感器测量压力，如果高于设定值，那么 AI-501 型仪表就会自动关闭蒸汽发生器釜内的加热开关，反之，如果低于设定值，在回差压力范围以外就会开启加热开关。

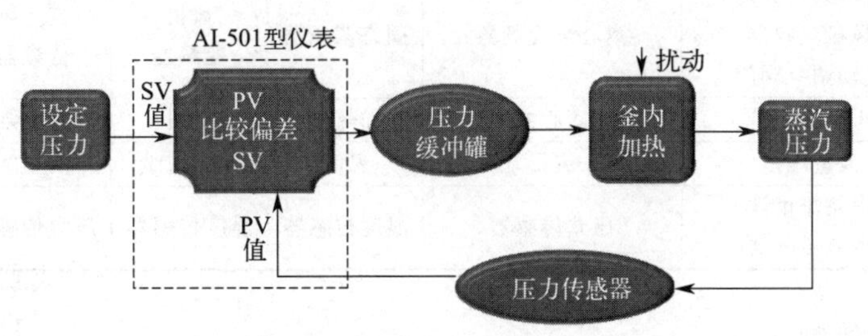

图 4-3　蒸汽压力自动控制过程

（四） AI-519 型仪表

AI-519 型仪表的输入方式可自由设置为常用的各种热电偶、热电阻、电压及电流。可以用来测量或者控制多种参数，如流体流量、液位、流体温度、流体压强。仪表硬件采用了先进的模块化设计，具备5个功能模块插座：辅助输入、主输出、报警、辅助输出及通信。调节系统通用步骤参见图4-4，首先根据工艺要求，设定参数A，对应数值在AI-519型仪表上的设定值SV窗口显示。AI-519型仪表通过内置调节器将调控信号传到控制仪表B上，调节设备C对应的参数值D，实际测量值通过传感器E，反馈到AI-519型仪表的PV值窗口。仪表对PV值和SV值比较，计算出偏差大小，然后通过AI-519调节器发出调节指令，调节控制仪表B，如调节变频器、调压器或者电动阀门，使得被调节参数D回到SV值，从而完成测量和参数的自动调节任务。这样形成的回路，将随时监控参数的变化，通过即时反复地测量和调节，使系统参数始终保持在规定范围之内，从而保证了生产的正常进行。参数的自动控制有个稳定时间，通过仪表PID调试通常所需的稳定时间较长。

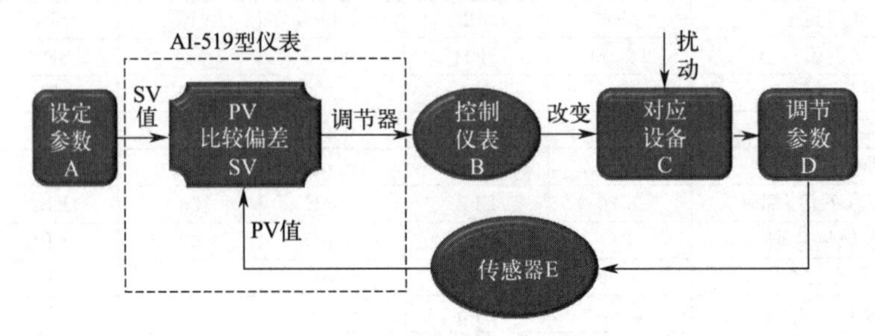

图4-4　AI-519自动调节系统参数关联图

图4-4中自动调节系统的参数说明见表4-2。例如当用AI-519调节流量时，无论流体种类是气体还是液体，调节途径都有两种：一种是通过调节管路中电动阀门的开关实现流量调节，常和电动调节阀门配套使用的流量测量装置是涡轮流量计，涡轮旋转时产生的点脉冲信号，经传感线圈转化为磁通信号，传送给AI-519型仪表，转换并显示为流量值；另一种是通过调节流体输送设备（离心泵、风机）的电机频率实现流量调节，通常用差压式流量计测量，如孔板流量计或者文丘里流量计，将测量到的压差，通过伯努利方程转换为对应的流量。

表4-2　自动调节系统参数说明表

设备或参数	流量	液位	温度		压力	功率
	气体、液体	液体	液体	气体		
设定参数A	流量(压差)	液位高度(或压差)	温度	温度	压力	功率
控制仪表B	离心泵变频器 风机变频器 电动调节阀门	离心泵变频器	固态调压器	风机 变频器	真空泵 变频器	固态调压器
对应设备C	风机/离心泵	离心泵	加热棒	风机	真空泵	加热棒
调节参数D	流量压差	流量	温度	风机流量	真空度	加热功率
传感器E	涡轮流量计 压差传感器	压差传感器	温度传感器	温度传感器	压力传感器	功率变送器

1. 流量自动控制

流体流量自动控制过程如图4-5所示。实训中的具体操作见表4-3，流体输送、传热过程和筛板塔精馏实训都需要对流量进行自动控制。除了控制流体流量外，还可以实现对两股输送流体（如反应物）按照一定比例混合向合成器输送，如流体输送综合实训步骤十五，其中一股流体由旋涡泵输送并固定流量，另一股流体由离心泵输送，要求按照其配比要求计算配比比值，再由配比比值计算出离心泵流量，并按照计算出的流量值对离心泵进行调节控制，使送出的两股流体的配比符合工艺要求。

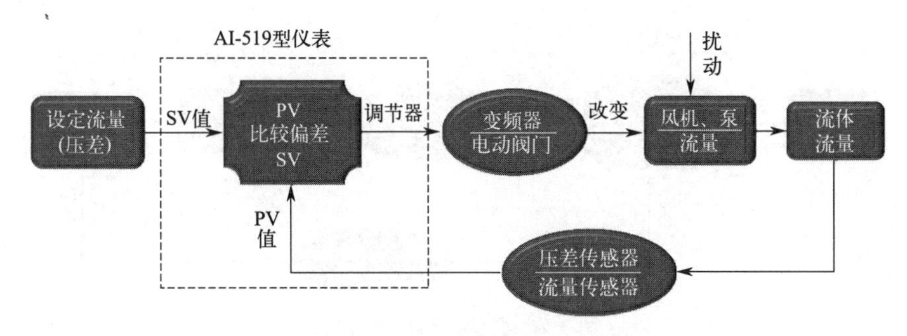

图 4-5　流量自动控制过程

表 4-3　用到流量自动控制的实训操作

实训仿真内容	内容	流量计
流体输送综合	流体流量控制	涡轮流量计
	两股流体(如反应物)按照比例输送	
水蒸气-空气传热综合	冷空气流量控制	孔板流量计
筛板塔精馏	控制回流液体流量	转子流量计

2. 液位自动控制

液位自动控制步骤如图 4-6 所示。AI-519 型仪表设定值可以分为两种：流体液位或者压差。而实际调节的参数是流体流量，采用调节离心泵电机的输出频率来控制。其中液位由压差传感器测量。实训中的具体操作见表 4-4。

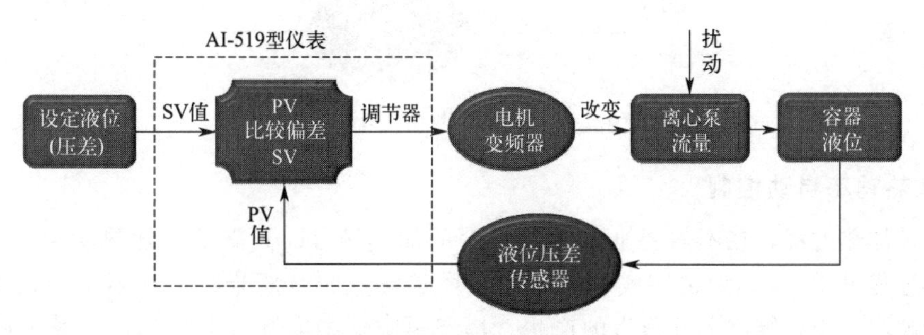

图 4-6　容器液位自动控制过程

表 4-4　用到液位自动控制的实训操作

实训仿真内容	内容	设定值
流体输送综合	合成器液位控制	液位高度
筛板塔精馏	控制回流液位	压差

3. 温度自动控制

温度自动控制过程如图 4-7 所示，主要用于传热过程、筛板塔精馏过程。AI-519 型仪表在传热实训仿真装置中调节温度的主要途径有两种：一种是针对液体温度（如热流体水蒸气）控制，通过调节加热棒的输入电压，调节被加热液体的温度；另一种是针对气体温度控制，如热量交换中冷流体空气的温度控制，气体温度的控制通过控制气体流量实现，而气体流量的调节通过 AI-519 型仪表控制风机的变频器频率来实现。对于不同种类的流体，温度测量仪表通常都是热电阻温度计。在筛板塔精馏过程中，则用于控制进料液体温度。

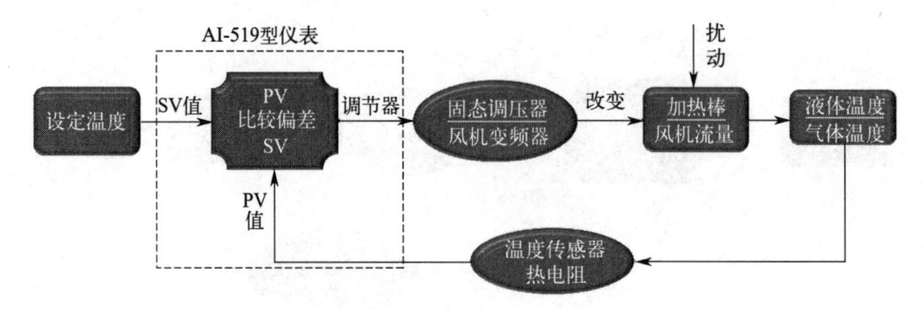

图 4-7 温度自动控制过程

4. 压力自动控制

压力自动控制如图 4-8 所示，用于精馏实训减压精馏操作中，通过真空缓冲罐对冷凝器压力进行控制，由真空表 PI-101 测量，通过真空传感器 PIC-101 将真空度用 AI-519 型仪表显示，该值与设定压力进行比较，若有偏差，则传输信号调节电机变频器改变真空泵转速，从而达到调节真空度的目的。

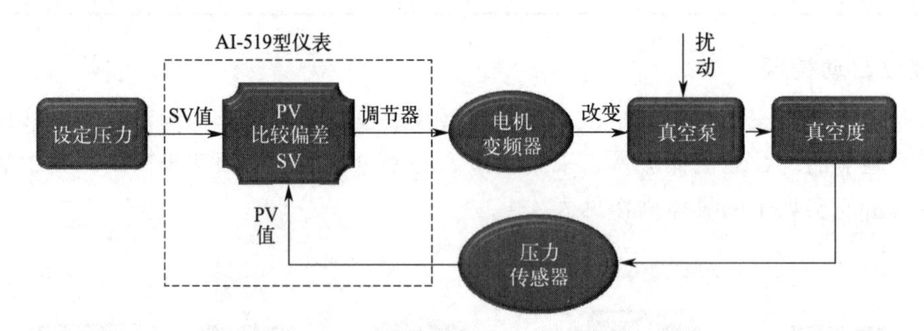

图 4-8 真空缓冲罐压力自动控制过程

5. 加热功率自动控制

同样是加热过程，在不需要准确控制温度的加热场合，只需要对加热功率自动控制即可，控制过程见图 4-9。如精馏实训操作中，塔釜液体的一部分经再沸器 E103 加热汽化，循环回精馏塔，用以维持上升蒸汽的产生。塔釜再沸器中内置有电加热棒，通过控制 E103 的加热功率 EIC 101 实现。

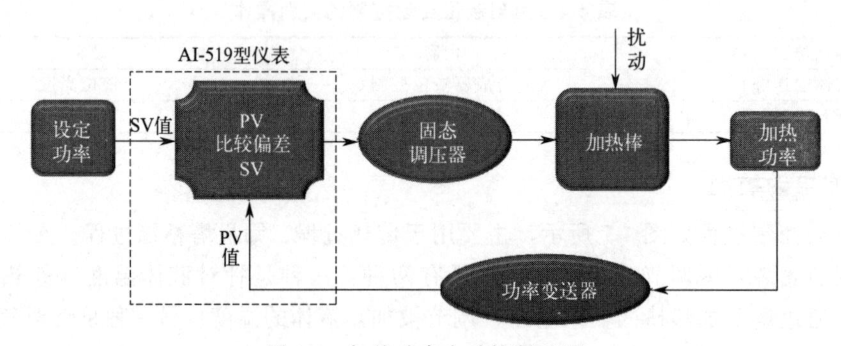

图 4-9 加热功率自动控制过程

三、工艺管道和仪表流程图

在实训操作中，常用带控制点的工艺流程图简要表达实训生产过程的设备、管道和各种仪表控制点以及管件、阀门等有关图形符号。对照工艺管道和仪表流程图，可以摸清并熟悉现场流程，掌握开停工顺序，维护正常生产操作。还可以根据工艺管道及仪表流程图，判断流程控制操作的合理性，进行工艺改革和设备改造及挖潜。此外，还能通过工艺管道和流程图，进行事故设想，提高对事故的预防和处理能力。

在流程图中，设备用细实线在实训中的相应位置上按照流程顺序依次画出。一般不用按照比例，用能够反映设备大致轮廓的示意图表示即可。但是要保持它们的相对大小及位置高低。

（一）流程线

设备之间的流程线用箭头表示物料流向。当流程线发生交错时，应将其中一线断开或者绕弯通过。同一物料线交错时，按照流程顺序“先不断、后断”；不同物料线交错时，主物料线不断，辅助物料线断，即“主不断、辅断”。

（二）设备位号

在化工工艺中，常将设备的名称和位号标注在流程图上方或下方靠近设备示意图的位置排成一行。在水平线（粗实线）上方标注设备位号，下方写上设备名称。设备位号常由四部分组成，分别是：设备分类代号、工段代号（两位数字，这里省略为一位数字）、同类设备序号（两位数字）和相同设备数量尾号（大写拉丁字母表示）。在实训中相同设备数量尾号常常省略。如图4-10所示，其中P作为设备分类代号，采用英文单词首字母缩写。表4-5中列出了实训中常见设备分类代号，其中的某些代号，在不同场合可能会有不同含义，比如代号F除了流量计，还可能为加热炉（furnace）。

图4-10　设备位号说明

表4-5　设备分类代号

No.	分类	代号	全称	应用
1	塔	T	tower	填料塔、板式塔
2	泵	P	pump	离心泵、喷射泵、真空泵
3	压缩机	C	compressor	压缩机、鼓风机
4	换热器	E	exchanger	列管、套管、螺旋板、蛇管式换热设备
5	容器	V	vessel	储槽、储罐、气柜等
6	流量计	F	flowmeter	转子、文丘里、喷嘴、孔板、涡轮流量计
7	阀门	VA	valve	阀门：球阀、闸阀、电磁阀

（三）仪表控制点

仪表控制点用细实线在对应的管道或者设备上用符号画出，符号包括图形符号和字母代号，见图 4-11，它们组合起来表达工业仪表所处理的被测变量和功能。其中仪表图形符号是一个直径为 10mm 的细实线圆，用细实线连接到设备轮廓线或者管道的测量点上。

(a) 就地安装仪表　(b) 集中仪表盘面安装仪表　(c) 就地仪表盘面安装仪表

图 4-11　仪表的图形符号

在工艺管道及仪表流程图中，仪表位号中的字母代号填写在圆圈的上半圆中，第一个字母表示被测变量，后继字母组合表示仪表的功能（见表 4-6），字母组合可以是一个或者多个，最多不超过五个，字母的组合实例见；数字编号填写在圆圈的下半图中，如图 4-12 所示。在检测控制系统中的每个仪表（或元件）都有自己的仪表位号。

表 4-6　被测变量及仪表功能字母组合示例

仪表功能	温度 T	温差 TD	压力 P	压差 PD	流量 F	液位 L
指示 I	TI	TDI	PI	PDI	FI	LI
记录 R	TR	TDR	PR	PDR	FR	LR
控制 C	TC	TDC	PC	PDC	FC	LC
变送 T	TT	TDT	PT	PDT	FT	LT
报警 A	TA	TDA	PA	PDA	FA	LA
开关 S	TS	TDS	PS	PDS	FS	LS
指示、控制	TIC	TDIC	PIC	PDIC	FIC	LIC
指示、开关	TIS	TDIS	PIS	PDIS	FIS	LIS
记录、报警	TRA	TDRA	PRA	PDRA	FRA	LRA

四、化工设备

被测变量代号　功能代号
TRI
101
工段代号　管段序号

图 4-12　仪表位号的标注

化工设备在开停车过程中最容易发生事故，所以在实训操作中要加强开停车训练和安全意识。企业要制定开停车安全条件检查确认制度。在正常开停车、紧急停车后的开车前，都要进行安全条件检查确认。开停车前，企业要进行风险辨识分析，制订开停车方案，编制安全措施和开停车步骤确认表，经生产和安全管理部门审查同意后，要严格执行并将相关资料存档备查。

严格执行开停车方案，注意开停车过程前后设备、阀门的开关顺序。引进蒸汽、氮气、易燃易爆介质前，要指定有经验的专业人员进行流程确认；引进物料时，要随时监测物料流量、温度、压力、液位等参数变化情况，确认流程是否正确。要严格控制进退料顺序和速率，现场不能离人，保持不间断巡检，监控有无泄漏等异常现象。一旦发现设备运行过程中存在异常，要立即停止生产活动，避免故障扩大化。

（一）静设备

化工静设备的种类有化学反应器、塔器、换热设备、分离设备、储存设备。化学反应器是用于实现化学反应工程的设备，其结构和形式与化学反应过程的类型和性质有密切的关系。

塔器又称“塔设备”，是类似塔形的直立式石油化工设备，其高度与直径之比较大。根据其作用的不同可分为精馏塔、吸收塔、解吸塔、萃取塔等。根据其结构特点则可分为板式塔或填料塔两大类。

换热设备即换热器，又称热交换器，实训操作中用到的换热器均为间壁式换热器。按照结构不同有套管式、列管式、强化管式和螺旋板式换热器。

（二）动设备

化工动设备是指在化工生产装置中具有转动机构的工艺设备，是由驱动机带动的转动设备（亦即有能源消耗的设备），如泵、压缩机、风机等，其能源可以是电动力、气动力、蒸汽动力等。化工动设备种类可按其完成化工单元操作的功能进行分类，一般可分成流体输送机械类、非均相分离机械类、搅拌与混合机械类、冷冻机械类、结晶与干燥设备等。流体输送化工单元操作中常用的动设备有离心泵、空气压缩机、漩涡泵。

在使用动设备过程中，需要能够识别动设备危害并有效防范，第一类是压力、温度、流量、介质等对设备的危害与防范，超温、超压、超负荷会对设备零部件造成的严重损坏并引起泄漏，影响设备正常运行，甚至造成设备事故；第二类是压力、温度、流量、介质、负荷的变化，会造成压缩机的喘振，引起设备的损坏和设备事故。

在动设备操作使用过程中，要严格工艺操作纪律，严禁超温超压运行。若不知道某个仪器或设备的功能，不要盲目操作使用。真空吸收泵、旋转蒸发仪、压缩气体钢瓶等，一旦错用都可能导致这些仪器的损坏，或者使实验失败，更严重的是导致一些事故的发生。所以在做任何一个实验之前，都应当仔细阅读实验指导内容，熟悉操作步骤和实验注意事项。

1. 离心泵和旋涡泵

（1）离心泵使用前检查　离心泵是实验室流体输送的主要设备之一，在使用离心泵之前，需要进行以下检查和操作：

① 检查离心泵的安装高度是否合适，确保泵的位置符合要求。

② 确认离心泵是否需要灌泵。有些离心泵需要在初次使用前进行灌泵操作，将液体充满泵体。

③ 检查离心泵前后阀门是否处于正常开车状态，即关闭状态。确保阀门的位置正确以防止倒流。

④ 开启泵入口阀门，灌泵使液体充满泵体；打开泵出口阀门，排除泵内的空气。开启泵出口阀门后，泵内的空气将被排除，确保泵内仅有液体存在。

⑤ 关闭泵出口阀门。在排除空气后，需要关闭泵出口阀门，确保泵体内部不再有泄漏或倒流。

（2）旋涡泵结构和工作原理　流体输送实训中用到的旋涡泵是一种特殊类型的叶片式机械，其工作原理、结构和特性曲线的形状与离心泵和其他类型泵有所不同。旋涡泵通过叶轮的旋转使液体产生旋涡运动，进而吸入和排出液体，所以称为旋涡泵。旋涡泵的叶轮外缘部分带有许多小叶片和凹槽，形成一个整体轮盘。液体在叶片和泵体流道中反复做旋涡运动，凹槽中液体被甩出后在流道形成低压，流道中的液体撞击泵体后再次进入凹槽，获得增压。

流体在凹槽和流道之间反复做旋涡运动，从而获得较高的压头。

旋涡泵不仅可以输送液体，还可以输送气体，例如在气体的吸收和解吸实训中用到旋涡气泵。旋涡气泵的叶轮上有数十片叶片组成，类似庞大的汽轮机的叶轮，当旋涡气泵的叶轮旋转时，叶轮叶片中间的空气受到离心力的作用，朝着叶轮的边缘运动，在那里空气进入泵体的环形空腔，然后再返回叶轮，重新从叶片的起点以同样的方式进行循环。通过叶轮旋转产生的循环气流，空气被均匀地加速，以螺旋线的形式穿出气泵。所以空气以极高的能量离开气泵以供使用。因此，旋涡气泵的压力是相同转速和直径的离心泵的 12～17 倍。

（3）旋涡泵和离心泵比较　在输送液体时，与离心泵相比，旋涡泵具有以下特点（见表 4-7）：适宜输送黏度不大、无固体颗粒、无杂质的液体或气液混合物；适宜流量范围在 0.18～45m^3/h；具有较高的扬程，单级扬程可达 250m 左右，较容易实现自吸；但抗汽蚀性能相对较差，而离心泵的扬程较低，但抗汽蚀性能相对较好；此外，旋涡泵还具备体积小、重量轻的特点，在船舶装置中具有显著的优势。

表 4-7　离心泵和旋涡泵比较

性能	离心泵	旋涡泵
流量	大	小
压头	中等	较高
效率	较低	低
启动	出口阀关闭	出口阀全开
流量调节	小幅度调节出口阀,大幅度调节转速	旁路阀门调节
适用场合	低压头、大流量的液体	高压头、小流量的清洁液体

旋涡泵相较于一般离心泵而言，具有出口压力和功率随气体流量减小而增加的特点。因此，在使用旋涡泵之前，需要特别留意出口阀门的开启状态，并确保在启动泵之前将出口阀门完全打开。在操作过程中，需要通过配合旁路调节流量的方式，避免泵在低流量情况下运转，以确保其正常工作。图 4-13 展示了如何通过设置循环旁路来实现这一目的。通过部分打开旁路循环阀，可以使一部分泵出流体回流至泵的吸入管路，起到保护旋涡气泵电机并降低管路压力的作用。同样，在流体输送过程中，通过调节旁路循环阀的开度，也可以在一定程度上实现流量的调节。但需要注意，不建议完全打开循环阀门，因为这会导致所有流体都循环回旋涡气泵，没有动力向管路输送流体，从而影响泵的正常运行。同时需要指出的是，对于通过旁路循环的那部分液体来说，由于泵所提供的能量几乎全部用于调节阀门，因此总的机械效率较低。

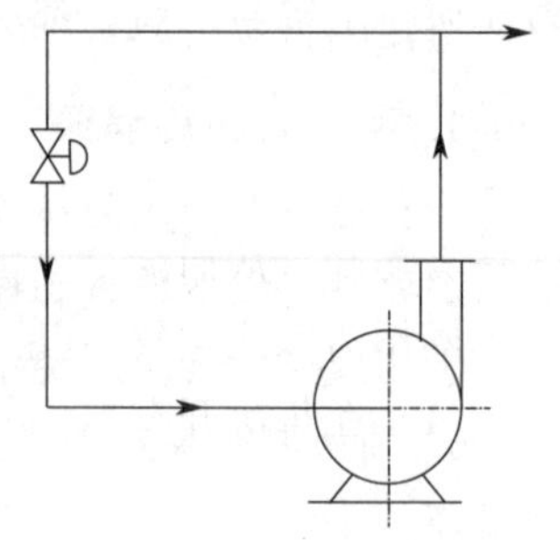

图 4-13　改变旁路调节阀开度控制流量

（4）电机盘车　所谓盘车是指在启动电机前，用人力、盘车装置或其他适当方法将机泵转动几圈，检查转动是否轻松灵活，用以判断由电机带动的负荷（即机械或传动部分）是否有卡滞而阻力增大的情况，从而不会使电机的启动时负荷变大而损坏电机（即烧坏）。

盘泵的目的是检查泵内有无不正常的现象，如转动零件卡住、杂物堵住、零件生锈、内介质凝固、填料过紧或过松、轴封漏损、轴承缺油、轴弯曲变形等问题，防止转子长时间静止因重力变形，以及检查泵轴转动是否灵活，有无不正常声音。

若长时间未启动，在启动离心泵或旋涡泵电机之前，务必先进行盘车（盘轴）操作。盘车操作是为了验证泵机组的机械运行状态是否正常，需要感受其转动的轻重是否均匀、泵体内是否有异响或金属碰撞的声音。若发现异常情况，应及时检查和排除问题，确保泵机组在启动时处于良好的运行状态。确保转轴灵活顺畅，然后再进行通电。强行启动可能导致机泵损坏、电机跳闸甚至烧毁。

（5）离心泵铭牌　离心泵的铭牌通常印有一些额定参数，这些额定值是在设计泵时，使泵能够达到最佳性能的设计参数，定为额定参数。包括额定流量、额定转速和额定扬程等参数。

额定流量表示水泵进口供水正常，电机转速正常时，出口全开所能达到的流量值。额定流量并不代表泵的最大流量，泵能达到的流量一般都大于额定流量。为了防止泵的过载和损坏，泵的额定流量一般控制在其最大极限流量的75％～80％之间。

泵的流量也不能过小。为了保证泵的安全启动和正常运行，每种型号的离心泵都会设有一个最小排出流量。当泵的流量低于这个值时，离心泵就可能发生汽蚀，进而造成损坏。此外，每种离心泵还有一个最大允许工作流量，这两个流量之间就是这个离心泵的允许工作区。

总之，在使用离心泵之前，需要明确该泵的额定参数，并在实际使用中严格控制泵的流量，从而确保泵的安全运行。

2. 空气压缩泵

空气压缩泵（活塞式）是一种常用的流体输送设备，利用往复运动的活塞在气缸内将外界空气压缩成高压气体，进而输送液体、气体或粉末。活塞式空压机具有结构简单、使用寿命长、容易实现大容量和高压输出等优点，因此广泛应用于行业生产中。

流体输送实训中利用空气压缩泵（设备号P105）输送流体。活塞在气缸内作往复运动向右移动，气缸内活塞左腔的压力低于大气压力，吸气阀开启，外界空气吸入缸内，这个过程称为压缩过程。当缸内压力高于输出空气管道内压力后，排气阀打开。活塞的往复运动是由电动机带动的曲柄滑块机构形成的。曲柄的旋转运动转换为滑动——活塞的往复运动。这种结构的压缩机在排气过程结束时总有剩余容积存在。在下一次吸气时，剩余容积内的压缩空气会膨胀，从而减少了吸入的空气量，降低了效率，增加了压缩功。

操作活塞式空气压缩泵，需要注意以下事项：

（1）在每次开车前，应检查以下内容：

① 各处防护装置和安全附件是否完好，确认后方可开车；

② 润滑油液面是否符合标准，确认加到指定位置，确保润滑系统稳定工作；

③ 定期更换和清洁机器的摩擦面和密封面，以保证设备的正常运行。

（2）定期对压力表进行校验（每年校验一次），并对贮气罐、导管接头外部进行检查（每年检查一次），内部进行检查和水压强度试验（三年试验一次），并做好详细记录。

（3）操作时，注意启动前打开出口端红色迷你球阀（1/2～2/3开度即可，全开可能导致出口压力太大）。

（4）在机器正常运行或有压力状态下，不得进行修理工作，以确保人身安全。

（5）经常观察压力表指针变化，不得超过规定的压力范围；如果在运转中发现不正常的声响、振动、气味或故障，应立即停车检修。

（6）工作完毕后，及时将贮气罐内余气完全放空，再关闭出口端的迷你球阀。

3. 喷射泵

喷射泵是一种流体动力泵，其独特的设计使其不需要机械传动和机械工作构件，利用离心泵作为动力源来输送低能量流体。喷射泵通过高速射流的喷嘴来抽除容器中气体以获得真空，因此也称为射流真空泵。其中，水喷射泵在化工生产的蒸发、蒸馏、换热过程中得到了广泛应用。

喷射泵的工作流体是气体（空气或蒸汽）和液体。常见的类型有水蒸气喷射泵、空气喷射泵和水喷射泵。另外，还有一种用油做介质的喷射泵，即油扩散泵和油增压泵，用来获得高真空或超高真空。

当要求的真空度不太高时，可以使用一定压力的水作为工作流体的水喷射泵来产生真空。水喷射的速度常在15～30m/s，属于粗真空设备。水喷射泵是一种常见的喷射泵类型，受工作水温度的影响，真空度一般不会太高，但该类泵用来抽吸易燃易爆的物料时具有良好安全性。

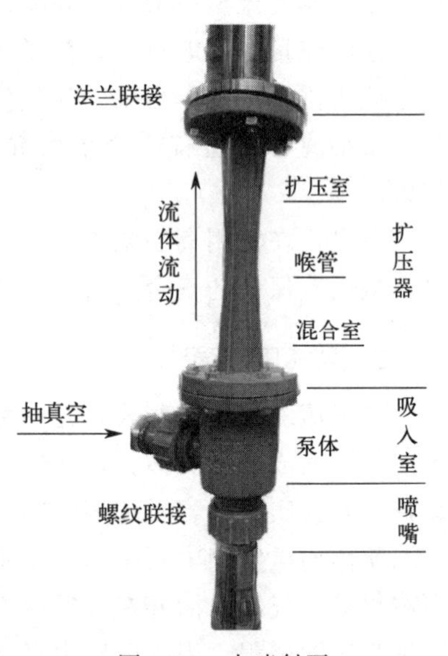

图 4-14　水喷射泵

水喷射泵（射流泵）基本结构如图 4-14 所示，主要由喷嘴、吸入室和扩压器三部分组成。喷嘴在吸入室的入口端，通过逐渐缩小的流通截面使工作流体的流速逐渐增加，这样工作流体的压力势能逐渐转化为动能。喷嘴的结构对水喷射泵的性能影响较大，常用形式包括锥形收缩式、圆形薄壁孔口式、流线型和多孔式。吸入室和抽真空的进气管相连，通常为圆筒形，其横截面积可达到喷嘴出口面积的六十倍。扩压器由混合室、喉管和扩压室组成。扩压器的外形类似于文丘里流量计，锥形段的收缩半角为15°～30°，其作用是确保气体顺利进入喉管；喉管则实现液体和气体的混合均匀，并进行质量和能量的传递；扩压室将气液混合介质的动能转化为压力能，从而实现对被抽气体的压缩。

在运行时，离心泵将工作流体泵入喷射泵内，在通过吸入室的喷嘴时，水的静压能转化为动压能，从喷嘴以高速射出，并聚集到扩压器的中心，从而在泵内产生负压。被抽取设备中的气体通过喷射泵侧管连接的真空缓冲罐，进入泵体与工作水混合，然后进入混合室。在混合室中高能量的工作流体和低能量的被输送液体充分混合，实现能量相互交换，速度也逐渐一致。流体随后进入喉管和扩散室，速度减慢，静压力增加，实现对被抽气体的输送。

总体而言，喷射式泵设备的优点是运转稳定、可靠、无需专人管理与维护，而且由于水喷射泵有产生真空和冷凝蒸汽的双重作用，所以在化工生产的蒸发、蒸馏、换热过程中广泛使用。

4. 变频器自动控制

变频器能实现对电机电流和转速的准确控制。无论容器密封性能的好坏，变频器在不需要任何外围辅助设备的情况下，均可以控制电机电流在电机额定值以内，且控制范围可以任意调整。如果通过离心泵控制流量，则配置一个流量传感器测量流量，变频器内置的 PID 或者控制仪表可以实现对流量的调控。同理，变频器可以使真空泵以最高效率运行，以最快速度达到设定的真空度。

五、阀门

阀门（valve）是流体输送系统中的控制部件，具有截止、调节、导流、防止逆流、稳压、分流或者溢流泄压等功能。用于流体控制系统的阀门，从最简单的截止阀到极为复杂的自控系统中所用的各种阀门，品种和规格相当繁多。有的按用途分（如化工阀、石油阀、电站阀等）、有的按介质分（如水蒸气阀、空气阀等）、有的按材质分（如铸铁阀、铸钢阀、锻钢阀等）、有的按连接形式分（如内螺纹阀、法兰阀等）、有的按温度分（如低温阀、高温阀等）、有的按压力分（如真空阀、低压阀、中压阀、高压阀、超高压阀等）。

实训操作中，少数过程参数需要通过阀门进行手动调节，多数参数通过仪表自动显示和调节。这两种调控方式结合，既体现了对实操能力的锻炼，又了解了过程自动化控制的原理。

（一）手动调节阀门

实训中使用手动阀门有两种常见结构，分别为闸阀（gate valve）和球阀（ball valve），见图 4-15，对流体没有进出口方向要求。在管路中，使用的球阀都为手柄式球阀。在测压元件两端中，使用的球阀都是蝶式手柄球阀。在转子流量计前端，常使用闸阀调节流量。

这里使用的阀门都是顺时针为关，逆时针为开。对于球阀，手柄开关状态很容易判断，手柄与管道垂直时为关，手柄顺着管道方向为开。闸阀带有的手轮上面有方向箭头或者 OS 标识，O（open）是开、S（shut）是关。当阀门全开后，应将手轮倒转少许，使螺纹之间严紧，以免松动损伤。

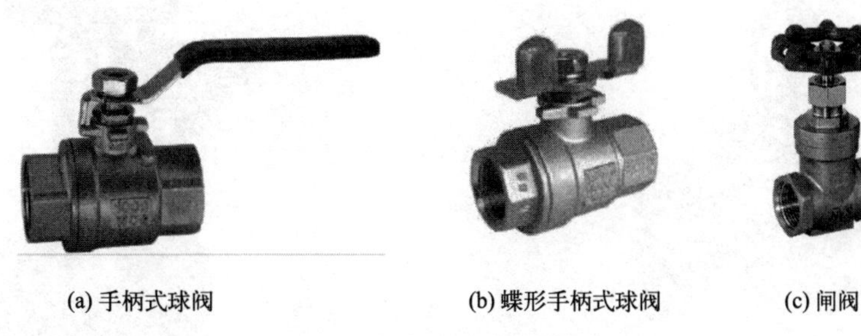

(a) 手柄式球阀　　(b) 蝶形手柄式球阀　　(c) 闸阀

图 4-15　常见手动调节阀门

球阀除具有闸阀的优点外，还有结构简单紧凑、体积小、密封可靠、易操作等优点。球阀的阀芯为一个有通腔的球体，通过阀杆控制阀芯作 90°旋转，使阀门畅通或闭塞，在管路中起关断作用。球阀的密封面与球面常在闭合状态，不易被介质冲蚀，易于操作和维修，适用于水、溶剂、酸和天然气等一般工作介质，主要用于截断或接通管路中的介质，亦可用于流体的调节与控制。目前在石化、电力、核能、航空、航天等部门广泛使用。

以上阀门是按照阀门的结构命名，在具体实训章节中均列有主要阀门名称表，表格中列出的阀门种类虽然仍是以球阀或者闸阀为主，但是具体名称都是按照功能和用途命名，同样是球阀，却可能被称为控制阀、放空阀、溢流阀、回流阀、联通阀、上水阀和循环阀等。

下面以流体流动综合实训真空输送系统输送流体中对真空度的控制，来说明对手动调节参数的训练，控制框图见图 4-16。通过手动调节球阀的开度，向真空缓冲罐中引入空气达到调节真空度的作用，读取真空度表的数值，并且和目标真空度比较，若偏差较大，则需进一步调节阀门开度，如此反复从而达到手动调节的目的。

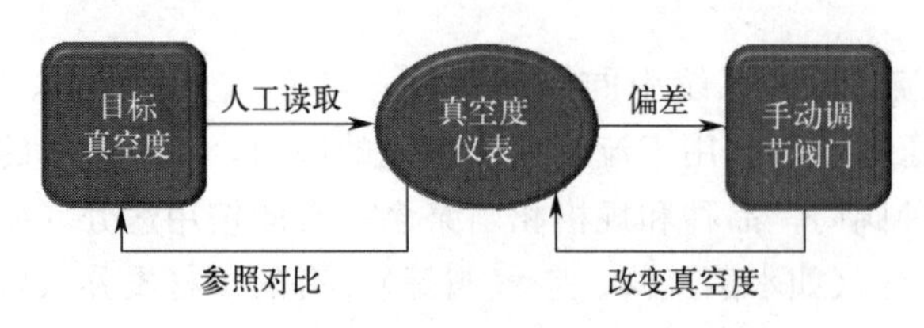

图 4-16　真空度控制框图

（二）自动调节阀门

自动调节阀是工业自动化过程控制中的重要执行单元仪表。随着工业领域的自动化程度越来越高，自动调节阀被越来越多地应用在各种工业生产领域中。与传统的气动调节阀相比自动调节阀具有明显的优点：电动调节阀节能（只在工作时才消耗电能），环保（无碳排放），安装快捷方便（无需复杂的气动管路和气泵工作站）。

自动调节阀可用于调节介质的流量、压力和液位，分电动调节阀、气动调节阀和液动调节阀等。实训设备中采用的是电动调节阀（见图 4-17）。

自动调节阀由电动执行机构或气动执行机构和调节阀两部分组成，并经过机械连接装配而成。调节阀通常分为直通单座式调节阀和直通双座式调节阀两种，后者具有流通能力大、不平衡力小和操作稳定的特点，所以通常特别适用于大流量、高压降和泄漏少的场合。

图 4-17　电动调节阀

图 4-18　截止阀

电动调节阀常常和涡轮流量计联合使用，阀门通过接收来自涡轮流量计的工业自动化控制系统的标准信号，将电流信号转变成相对应的直线位移，自动控制调节阀开度，通过改变阀芯和阀座之间的截面积大小，达到对管道内流体的压力、流量、温度、液位等工艺参数的连续调节。

（三）其余功能性阀门

1. 截止阀

闸阀和球阀在化工实训操作中需要经常手动操作，而管路中经常有一些功能性阀门不需要手动或者自动调节，其结构决定了阀门自身就可以起到截止、单向、疏水、泄压的作用。

截止阀是使用最广泛的一种阀门，它之所以广受欢迎，是由于开闭过程中密封面之间摩擦力小，比较耐用，开启高度不大，制造容易，维修方便，不仅适用于中低压，而且适用于高压。截止阀只允许介质单向流动，如图 4-18 所示，从外观看进出管道明显不在一个水平线上，安装时有方向性，低进高出。截止阀的闭合是依靠阀杆压力，使阀瓣密封面与阀座密封面紧密贴合，阻止介质流通。截止阀的结构长度大于闸阀，同时流体阻力大，长期运行时，密封可靠性不强。

2. 蒸汽疏水阀

蒸汽疏水阀（steam trap）也叫自动排水器或者汽水阀、疏水阀、回水盒、回水门等。疏水阀是一种“识别”蒸汽和凝结水的自动装置，可以自动排出冷凝水和其他气体，并保留蒸汽。疏水器广泛应用于石油化工、食品制药、电厂等行业，在节能减排方面起着很大作用。原则上，安装在各使用设备的最低点。一般安装在蒸汽包/换热器出口，进入地漏，保持设备内一定压力，使得蒸汽不会轻易流失。

“识别”基于三个原理：密度差、温度差和相变。根据这三个原理制造出的疏水阀分为机械型、热静力型、热动力型。疏水阀在自动排除冷凝水的同时，还能阻止水蒸气溢出，提高换热器的能效，充分利用蒸汽潜热，防止蒸汽管道中发生水锤作用。疏水阀有三个重要功能：

(1) 随时自动排出加热设备或者蒸汽管道中产生的冷凝水（除非个别场合需要利用冷凝水的热量。

(2) 蒸汽的损耗可以忽略不计，能效高。

(3) 能排出蒸汽管路中的空气和其他不凝性气体。

其中机械式蒸汽疏水阀有浮球式和倒吊桶式疏水阀两种。浮球式疏水阀通常利用一个密封的浮球，倒吊桶式疏水阀利用一个向下的圆柱形杯子。虽然两种机械式疏水阀的核心作用力都是浮力，但是它们的结构和操作原理都是很不同的。浮球式蒸汽疏水阀中，冷凝水的液位直接影响浮球的位置，浮球随着液位上升，从而其下方的疏水阀被打开并释放出冷凝水。当冷凝水负荷减少时，浮球在重力作用下沉降使阀门关闭，从而防止蒸汽泄漏。

图 4-19　倒吊桶式蒸汽疏水阀

以倒吊桶式蒸汽疏水阀为例，如图 4-19 所示。倒吊桶上方连接杠杆和阀门，倒吊桶的底部和外部被冷凝水围绕，蒸汽或空气进入使倒吊桶升起，带动对应的杠杆和阀门，从而使疏水阀关闭。倒吊桶的顶部有一个排空孔允许微量的蒸汽排放到疏水阀顶部，并从下游排出。当水蒸气从排空口排出后，冷凝水开始充满吊桶内部，此时倒吊桶因为失去来自蒸汽的动力而下沉使杠杆打开阀门排放冷凝水（和疏水阀中的水蒸气一起）。

3. 安全阀和旁通管

安全阀与旁通管是压力系统中常见的安全装置和辅助设备，它们通常配合使用以确保系统的安全运行。

安全阀是广泛应用于压力容器、锅炉、压力管道等压力系统中的一种重要安全装置。其主要功能是预防压力设备和容器因内部压力升高或超过限度而发生爆裂，通过自动开启并释放过高压力来保护压力系统的安全运行，防止设备损坏和事故发生。在传热综合实训中，水蒸气发生器就安装有安全阀。

当容器压力超过设计规定时，安全阀将自动开启，通过释放气体来降低容器内的过高压力，以避免容器或管线的破坏。安全阀会自动关闭，避免因容器超压排出全部气体而造成资源浪费和生产中断。

安全阀的工作原理如下：当设备内的压力超过规定的工作压力并达到安全阀的开启压力时，内部介质作用于阀瓣（即关闭件）上面的力大于加载机构施加在其上的力，从而使阀瓣离开阀座，安全阀开启，设备内的介质通过阀座排出。如果安全阀的排量大于设备的安全泄放量，设备内压力即逐渐下降，在短时间的排气后，压力会降回到正常工作压力。此时，内部压力作用于阀瓣上的力小于加载机构施加在其上的力，阀瓣紧压在阀座上，设备内介质停止排出，设备可以保持正常的工作压力继续运行。因此，安全阀是通过阀瓣上介质作用力与加载机构作用力的消长，来自行关闭或开启，以实现防止设备超压的目的。

目前市场上生产的安全阀主要分为弹簧式和杠杆式两大类。图 4-20 展示的是实验室常用弹簧式安全阀，主要依靠弹簧的作用力进行工作。弹簧式安全阀中又有封闭和不封闭式，一般来说，易燃、易爆或有毒的介质应选用封闭式安全阀，而蒸汽或惰性气体等则可选用不封闭式安全阀。在弹簧式安全阀中，还有带扳手和不带扳手两种类型，图 4-20 中为带扳手式，扳手的作用主要是检查阀瓣的灵活程度，有时也可用作手动紧急泄压用途。与之相比，杠杆式安全阀主要依靠杠杆和重锤的作用力进行工作。然而，由于其体积庞大，杠杆式安全阀的应用范围通常受到一定的限制。

图 4-20　带扳手弹簧式安全阀

旁通管（也称为旁路管或泄压管）是安全阀的一个辅助设备，通常与安全阀连接在一起。旁通管的作用是将安全阀排出的过高压力介质引导到安全区域，以避免对人员和设备造成伤害。当安全阀打开时，旁通管会将过压介质从压力系统中导流至安全区域，以确保系统在压力超过承受能力时仍能够正常运行。这样，即使安全阀无法正常关闭，在旁通管的作用下，过高的压力仍能得到安全排放，保护系统免受损坏。

旁通管的设计和安装要符合相关的标准要求，以确保能够有效导流高压介质，并避免产生任何安全隐患。在选择旁通管的尺寸、材料和布置位置时，需要考虑具体的工作条件和容量，以确保能够适应系统的要求。

旁通管通常与安全阀连接在一起，并设置在流体流动路径上的适当位置。例如，在一些易损耗设备或零部件检修时，可以在管路中设置旁通管道，并安装阀门以切断介质的流动，以确保其他部分的正常运行。

旁通管是一种重要的安全装置和辅助设备，通过与安全阀配合使用，可以最大程度地保护压力系统在高压情况下的安全运行。在实际应用中，合理设计和安装旁通管，能够提高系统的可靠性和安全性。

六、流量计

实训装置中用到的流量计有差压式流量计、转子流量计和涡轮流量计，以下分别介绍。

（一）差压式流量计

差压式流量计是一种常用的流量测量装置，其中包括孔板流量计、喷嘴流量计和文丘里流量计。这些流量计通过节流元件（如孔板）引起流体中的压力差，并配合不同类型的差压计或差压变送器可测量管道中各种流体的流量。

差压式流量计适用于测量气体、蒸汽和液体的流量，设计简单可靠，成本较低，具有对流体特性的广泛适应性，因此广泛应用于石油、化工、冶金、电力、轻工等行业。

在实际应用中，差压式流量计需要根据流体性质、流量范围和管道条件进行合理选择和安装。孔板流量计适用于中小流量范围，具有安装方便、使用广泛的特点；喷嘴流量计适用于大流量范围，具有较低的压力损失；文丘里流量计则适用于中等流量范围，具有较小的压力损失和较高的测量精度。

差压式流量计是一种重要的流量测量装置，具有无运动部件的优点，广泛应用于各个行业，并且在中国的使用率较高，相关数据显示，其使用量占电磁流量计的 60%～70%。通过合理选择和安装，差压式流量计能够提供准确可靠的流量测量结果，对于生产过程的控制和优化具有重要意义。

1. 孔板与喷嘴流量计

孔板流量计和喷嘴流量计是常见且广泛应用的流量测量装置，它们在原理、用途和外形上相似。孔板流量计通常需要安装在具备均匀流动特性的管道段上，在流动前后分别保留一定长度的直管段（上游长度至少为 10D，下游长度为 5D，D 为管段直径）。孔板流量计结构简单，易于制造和安装；牢固可靠，可长期稳定工作；性能表现出色，能够提供准确的流量测量结果。

孔板流量计和喷嘴流量计在形状和结构上可能存在一些差异，但其基本原理和工作方式相似，都通过节流元件（如孔板或喷嘴）引起管道内流体的压力变化，并利用差压测量原理来确定流体的流量。这两种流量计具有广泛的应用领域，例如石油、化工、冶金、电力和轻工等工业部门。

孔板流量计和喷嘴流量计通过适当的安装和设计能够提供准确可靠的流量测量结果。然而，孔板流量计也存在一些缺点，主要是由于流道的突然收缩和扩大导致能量损失较高。为了降低能量损失，可以采用文丘里流量计中逐渐收缩和扩大的管道设计。

2. 文丘里流量计

文丘里流量计是一种常用的压差式流量计，通过管道内的节流装置使流体流束在局部收缩处流速增加，静压降低，从而在节流前后产生差压，通过测量差压来计算流量大小。文丘里流量计采用了一段渐缩和渐扩的管道设计，使流线形状更加光滑，减少了摩擦阻力，因此与孔板流量计相比，具有更小的能量损失。文丘里流量计广泛应用于空气、天然气、煤气、水等流体的流量测量，具有结构简单、压力损失小、精度高等优点。

文丘里流量计是对孔板流量计的改进，为了减少流体流经节流元件时的能量损失，可用一段渐缩、渐扩的管代替孔板。文丘里流量计由收缩段、喉孔和扩散段三部分组成，如图 4-21 所示，喉孔位于中间截面 2 位置，收缩段通常比扩散段要短，管径的收缩引起压差变化。使用时，在截面 1 和截面 2 间列机械能守恒方程，经简化后得到式 (4-6)。

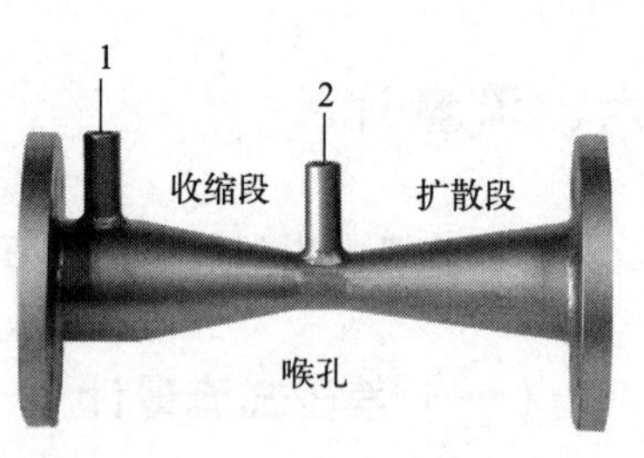

图 4-21　文丘里流量计

$$Q=C_0A_0\sqrt{\frac{2\Delta P}{\rho}} \tag{4-6}$$

式中，Q 为体积流量；ΔP 是截面 1 和截面 2 位置间的压差；A_0 表示流量计在截面 2 喉孔位置的流通截面积；C_0 为流量计系数，可由厂家提供，或者通过标定得到。

若需要练习自行标定流量计系数，可以在管路中安装涡轮流量计测量 Q 值，然后代入式(4-6) 中推算出 C_0。

3. 三种差压式流量计比较

表 4-8 对三种差压式流量计进行了比较，以便更好地了解它们的特性和适用范围，从而能够更好地选择和使用合适的流量计来满足实验和生产过程中的需求。

表 4-8　差压式流量计比较

比较项目	孔板流量计	喷嘴流量计	文丘里流量计
特点	数据资料完善； 通用性强； 一体化式结构	历史悠久； 结构简略结实耐用； 标准化程度高； 计量数据真实可信	加工精度高； 必须专业厂家制作； 主要优点是能耗少
流量范围	宽	宽	喉部直径是固定的，流量范围受到喉部直径的限制
压力	损失较大； 大口径时，孔板前后压差难测量，故准确度等级不高	损失<孔板流量计； 节省能源，流量测量准确度等级更高	收缩和扩散段的作用使压力损失大大降低，压力损失约为孔板的 1/5～1/3； 高精确度、高稳定性
维护	孔板直角边的磨损和污垢等因素会直接影响测量准确性； 常清洗和定期检查、更换	坚固耐用，适合脏污介质； 长期使用稳定可靠； 耐冲击、耐腐蚀	几何特性决定其磨损小，表面经特殊处理后更耐磨、耐腐蚀，寿命很长，可用于固液混合计量，这是与孔板相比最大的优点。日常维护工作量大大减少
适合流体	全部单相流和部分混流	更适合高压、超高温流体，如蒸汽流量测量	大多用于低压气体的输送
价格	制造安装方便，具有良好的性价比	生产制作较复杂，成本较高	对制造精度要求高，成本高
检定周期	6～12 个月	可长期运用，安全稳定、牢靠	可长期运行，安全可靠

文丘里流量计是一种常见的差压式流量计，其结构简单、压力损失小且适用范围广。采用渐缩-喉孔-扩散的设计，能够减少流体通过节流装置时的能量损失，并提高测量精度。因此，在吸收解吸实训中，我们选择使用文丘里流量计来测量气体流量。

孔板流量计也是一种常见的差压式流量计，主要适用于液体和气体流量测量。当流体通过节流装置孔板时，流速增加，静压降低，从而产生差压。孔板流量计具有结构简单、安装方便和测量范围广的优点。因此，在传热实训中，我们选择使用孔板流量计来测量水蒸气流量。

在实际应用中，选择合适的差压式流量计需要考虑多个因素，包括流体性质、测量范围、压力损失和精度要求等。我们需要根据具体的流体特性和实验要求，选择最合适的流量计进行测量，并确保其连接稳固、无泄漏，以保证测量结果的准确性和可靠性。

（二）转子流量计

转子流量计是一种广泛应用的流量测量仪表，通过改变流体的流通面积来保持转子上下的差压恒定，因此又被称为变流通面积恒差压流量计。主要由一个锥角约在4°的锥形透明管和一个直径略小于透明管内径的转子组成。

当被测流体从锥形管下端流入时，流经转子与锥形管壁之间的环形断面，产生一个作用力将转子托起。作用在转子上的力有三个：流体对转子的动压力、转子在流体中的浮力和转子自身的重力。当这三个力达到平衡时，转子就平稳地浮在锥管中某一位置。由于转子大小和形状已经确定，因此流体对转子的动压力随着流速大小的变化而变化，因此转子在锥管中的位置与流体通过锥管的流量呈一一对应的关系。

转子流量计具有结构简单、直观、压力损失小、维修方便等优点，特别适合于低黏度、干净或清洁的液体流量的测量，同时测量范围也非常广泛，可用于测量从小至微小的液体流量到大型管道中的液体流量。此外，转子流量计还可配备多种输出信号，如脉冲信号、模拟电流信号等，可根据需要选择合适的输出方式。

要注意的是，在使用时需要根据实际情况选择合适的规格和型号，并保证安装正确。在安装过程中，应尽量避免管路内出现气泡和沉淀物等情况，同时还需定期清洁和维护，以确保其测量精度和长期稳定性。对于要求更高精度的场合，需要结合现场实际情况采取更为严格的措施来进行校准和验证。

（三）涡轮流量计

涡轮流量计（turbine flowmeter）是一种速度式流量计，也称为叶轮式流量计。在一定的流量范围内，通过测量叶轮的旋转角速度来反映流体的流速。当流体通过流量计时，流体的流动会带动涡轮旋转，而涡轮的转速则被磁电传感器转换为电脉冲信号。传感线圈安装在涡轮上方机壳的外部，用于接收磁通变化信号。这些信号可以通过二次仪表（自动检测装置的部件之一，用以指示、记录和计算来自一次仪表的测量结果。通常安装在离工艺管线或设备较远的控制屏上，具有清晰且高准确度的显示功能）进行显示，以反映流体的平均流速。

涡轮流量计是流量仪表中成熟且准确度较高的一种，具有读数直观清晰、可靠性高、成本低等明显优点。该流量计具有强大的抗杂质能力，能够抵御电磁干扰和震动的影响；具有良好的重复性和稳定性，适用于较宽的量程范围，并能快速响应流量变化，同时信号易于传输。此外，涡轮流量计具有简单的结构和工作原理，易于维修，几乎没有压力损失，从而节省了动力消耗。

涡轮流量计的工作原理：流体流经传感器壳体，由于叶轮的叶片与流向有一定的角度，流体的冲力使安装在叶片上的叶轮具有转动力矩，叶轮转动的力矩平衡了摩擦力矩和流体阻力，从而保持了稳定的转速。在一定的条件下，转速与流速成正比，由于叶片有导磁性，处于信号检测器（由永久磁钢和线圈组成）的磁场中，旋转的叶片周期性地切割磁力线而改变着线圈的磁通量，从而在线圈两端感应出电脉冲信号，这些电脉冲信号经过放大器的放大和整形，形成一定幅度的连续矩形脉冲波，这些脉冲波可远传到显示仪表上，以显示流体的瞬时流量和累积量。在一定的流量范围内，脉冲频率 f 与流经传感器的流体的瞬时流量 Q 成正比，流量方程见式(4-7)。

$$Q=3600f/k \tag{4-7}$$

式中 f——脉冲频率，Hz；

k——传感器的仪表系数，m^{-3}，由校验单给出，若以 L^{-1} 为单位则 $Q=3.6f/k$；

Q——流体的瞬时流量（工作状态下），m^3/h；

3600——换算系数。

每台传感器的仪表系数 k 由制造厂填写在检定证书中，设置好 k 值，配套的显示仪表便可显示出瞬时流量和累积总量。

涡轮流量计的基本型产品本身不具备现场显示功能，仅将流量信号远传输出，起到传感器的作用。涡轮流量计的流量信号通常有两种类型：脉冲信号或电流信号（4～20mA）。

为了确保涡轮流量计的测量准确，必须正确地选择安装位置和方法。比如流量计必须水平安装在直管上，流量计轴线应与管道轴线同心，并且流向也必须一致。在涡轮流量计上游应设置管道长度不小于 $2D$ 的等径直管段，如果安装场所允许建议上游直管段为 $20D$、下游为 $5D$。流量控制阀要安装在流量计的下游，而在流量计使用时其上游所装的截止阀必须完全开启，以避免上游部分的流体产生不稳流现象。

涡轮流量计具有成本低廉、重复性好、稳定性高、易于维修和无电源耗费等优点，集成度高，体积小巧，特别适合与二次显示仪、PLC、DCS 等计算机控制系统配合使用。在使用过程中需要注意安装正确，避免管路内出现气泡和沉淀物等情况，同时也要注意定期清洁和维护，以确保其测量精度和长期稳定性。

七、液位计

（一）玻璃管液位计

玻璃管液位计是一种常用于密封容器（如塔、罐、槽、箱等）的液位测量装置，由液位计主体和玻璃板组成，能够直接指示容器中的液位高度，容器中的介质必须无法与钢或石墨密封环发生腐蚀反应。

该装置通过法兰或锥形管螺纹与被测容器的上下端连接，形成连通装置，使得液体可以顺畅地进入玻璃管。通过观察透明的玻璃管，可以直接读取到与容器中液位相同的液位高度，从而实现对液位的测量。

玻璃管液位计具有结构简单、读数直观、维修便利和耐用性强的优点。其主体通常由玻璃制成，能够承受一定的压力和温度。玻璃板的位置可以根据需要进行调节，以适应不同液位高度的测量。

在使用玻璃管液位计时，需要注意以下事项。

首先，如果被测容器内液体温度较高，需要进行预热处理。这是因为玻璃在升温时会发生热胀冷缩，为避免由此引起的破裂，应使玻璃管逐渐升温后再打开液位计阀门。

此外，在长时间使用后，被测容器内部可能会出现铁锈或杂质的沉积，这可能会影响到读数的准确性。因此，定期清理玻璃管和液位计主体是必要的，可以使用适当的清洗剂进行清洁。

总之，玻璃管液位计在容器液位测量中具有重要的应用价值，在使用时需要注意预热处理和定期清洁，以确保测量结果的准确性和可靠性。

（二）磁翻板液位计

磁翻板液位计是一种在工业生产中广泛应用的液位测量装置，由本体、翻板箱、磁性浮子和法兰盖等组成，见图 4-22。相比传统的玻璃板（管）液位计，磁翻板液位计具有更高的密封性能，能够有效防止泄漏，并适用于高温、高压、高黏度、强腐蚀、食品饮料等特殊环境；在全过程测量中没有盲区，显示清晰，测量范围广，可以弥补玻璃板液位计指示清晰度差和易破裂等缺陷。

图 4-22　磁翻板液位计

磁翻板液位计运用浮力原理进行液位测量。随着液位的升降，磁性浮子在测量管内上下移动，浮子内部有永久磁钢，其表面衬有聚四氟乙烯（PTFE）、聚氯乙烯（PVC）、聚丙烯（PP）等抗腐蚀材料，确保了良好的可靠性和耐腐蚀性。通过磁耦合作用，将磁浮子上下移动的运动转换为翻板箱内部翻转的动作，红色和白色的翻板在液位变化时翻转 180°。当液位上升时，翻板从白色变为红色；当液位下降时，翻板由红色转为白色，从而实现了对液位的直观指示。

除了液位指示功能外，磁翻板液位计还可以利用磁浮子的移动驱动上下限开关的动作。安装在液位计立管设定位置上的簧片开关会随着磁浮子的移动而动作，从而实现开关控制或报警功能。

为了满足工业场合对液位测量的更高要求，磁翻板液位计通常会配备液位变送器。液位变送器包括传感器和转换器两部分，传感器通过感应磁耦合的浮子运动，将液位或者界位信号转换成标准的电阻信号输出，转换器将电阻信号转换成标准的电流信号输出，便于接入数字显示仪表或计算机进行就地显示、远传显示和控制等功能。

磁翻板液位计广泛应用于电力、石油化工、冶金、环保、船舶、建筑、食品等行业生产过程中的液位测量与控制。适用于各种塔、罐、槽、球型容器和锅炉等设备容器的液位检测。通过远距离检测、指示、记录与控制，可以提高生产效率，并确保生产过程的安全和可靠性。

需要注意的是，在使用磁翻板液位计时，应该避免液位计主体周围存在导磁体，以确保测量的准确性和可靠性。此外，为了保证磁翻板液位计能够长期稳定地工作，还需要定期维护和检测设备的正常运转状态。

八、压力表

指针式压力表适用于测量无爆炸危险、不结晶、不凝固，而且对铜合金不起腐蚀作用的液体、气体及蒸汽等介质的压力。

机械指针式压力表是由导压系统、齿轮传动机构、示数装置和外壳组成的。导压系统包括接头、弹簧管和限流螺钉，它们起到将压力转化为弹性变形的作用。齿轮传动机构通过传递转动力量，使指针能够显示出压力数值。示数装置由指针和度盘组成，通过指针在度盘上的旋转来反映压力大小。外壳则包括表壳、表盖和表玻璃等部分，提供保护和支撑。

这种压力表采用弹性元件作为敏感元件，常见的有波登管、膜盒和波纹管等。这些弹性元件在受到压力作用时会产生弹性变形，转换机构将这种压力形变传递给指针，从而引起指针的旋转来显示压力数值。由于机械指针式压力表具有高机械强度和生产便捷的特点，因此广泛应用于工业流程和科研领域。

在工作管道长期处于震动状态时，普通机械压力表的指针可能会松动而导致不准确。为了解决这个问题，耐震压力表应运而生。耐震压力表在普通机械压力表的基础上加入了灌注液体（如硅油或甘油）和阻尼器，如图 4-23(a) 所示。耐震压力表特别适用于测量介质具有剧烈脉动或瞬时冲击的流体压力，当压力波动剧烈或表安装在震动较大的机器上时，阻尼液体可以起到缓冲作用，保证表针的稳定性。

(a) 耐震压力表

(b) O形缓冲管

图 4-23　耐震压力表及配件

耐震压力表具有全密封性结构，可以在粉尘、水下和高湿度等恶劣环境中正常工作。耐震压力表的特点是防“堵”，对泥浆、水泥等易凝固以及易结晶、高黏度的介质均可进行测量。

此外，还可以在压力表与压力表测量的设备或管道之间用一种叫作压力表缓冲管的配件连接，对压力表起到保护作用。常见的缓冲管形式有 O 形和 U 形。图 4-23(b) 展示了 O 形缓冲管的形式。

这种压力缓冲管又称为压力表弯管或冷凝管，主要作用是冷凝，降低被测介质的温度，防止高温蒸汽直接进入压力表而损坏其零部件，特别是在测量高温气体或者高温液体（>60℃）时，压力表缓冲管是必不可少；其次是减震缓冲作用，防止被测量介质对压力表弹簧管的瞬时冲击；此外还可以防止堵塞。如果测量的是普通、干净的气体，通常可以不用连接缓冲管。

综上所述，机械指针式压力表是一种常用的压力测量仪器，通过弹性元件和转换机构将介质的压力变化转化为指针的旋转来显示压力数值。耐震压力表在普通机械压力表的基础上增加了阻尼液体，具有良好的抗震性能和适应恶劣环境的能力。压力表缓冲管则起到保护、冷凝和减震作用，使得压力测量更加精确和可靠。

九、酒度计

酒度计（图 4-24）是一种利用浮力测量乙醇与水二元物系的乙醇体积分数的仪器，是根据密度计的原理设计的。我们知道乙醇的密度小于水，因此酒精（乙醇）度越大，那么酒液的密度也越小，从而浮力也越小。当酒度计被置于酒液中时，酒液的浓度越高浮力越小，酒度计下沉越多；反之，酒液的浓度越低浮力越大，酒度计下沉也越少。因此，根据酒度计下沉的深度，可以得出乙醇含量的测量值。

酒度计的量程为 0～50℃，建议在 40℃温度下测量样品。根据乙醇和水二元物系的乙醇浓度，从三支不同量程的酒精计中选择一支来测量乙醇与水二元物系的乙醇含量（体积分数），量程范围分别为 0～40%、40%～70%、70%～100%。

酒度计广泛应用于制酒和饮料工业中，用于检测葡萄酒、啤酒、烈性酒等酒类的乙醇含量。此外，酒度计还可用于化学、医疗等领域中乙醇含量的测量。

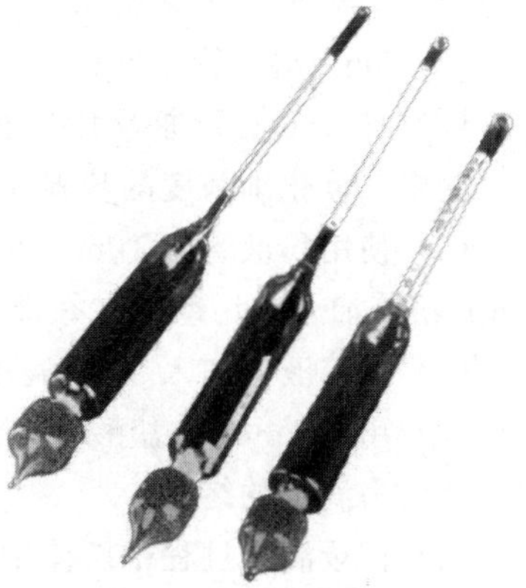

酒度计的使用方法如下：

（1）预检查：在进行测量之前，需仔细检查酒度计是否有破损或损坏，若有损坏应及时更换新的酒度计。

图 4-24　酒度计

（2）取样准备：使用一个容量为 100mL 的锥形瓶，取样品约 80mL。确保容器干净，并注意不要装得太满，以防在搅拌和转移过程中溢出。

（3）样品冷却：将取得的样品倒入一个容量为 50mL 的量筒中，注意避免样品装得太满。将样品冷却至 40℃以下的温度，这是为了确保测量准确性。

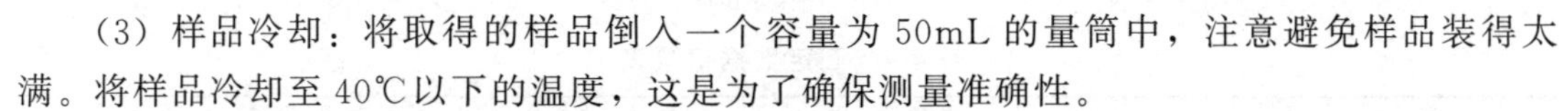

（4）酒度计选择：根据所测样品的乙醇浓度范围选择适当的酒度计量程。如果是精馏塔顶样品，乙醇浓度较高，应选择 70～100 量程的酒度计。

（5）放置酒度计：轻轻将酒度计放入量筒底部，注意不要让酒度计碰到量筒的筒壁。缓慢松手，酒度计会慢慢浮起。等待酒度计稳定不动后进行读数。

（6）读取酒度计刻度：观察样品液面的凹液面与酒度计刻度重合部分的刻度值，并记录下来。确保读取时视线垂直，以减小误差。

（7）温度测量：使用温度计测量样品的温度并记录下来。这是为了后续根据测得的温度和酒度计刻度值进行换算。

（8）数据处理：根据测得样品的温度和酒度计刻度值，在酒度、温度换算图中查找乙醇在 20℃下的体积分数。可按式(4-8) 计算乙醇的质量分数。

乙醇的质量分数 w 为：

$$w=\frac{\rho_{乙醇}V_{乙醇}}{\rho_{乙醇}V_{乙醇}+\rho_{水}(1-V_{乙醇})} \tag{4-8}$$

其中，$V_{乙醇}$ 为乙醇的体积分数。

（9）酒度计的保养：测量结束后，应将酒度计拿出并用干净的毛巾擦拭干净，然后放入盒内储存，以防止灰尘或污物附着。

十、二氧化碳浓度检测

二氧化碳浓度的测定可以采用浓度传感器或者滴定法。滴定法测量二氧化碳浓度实验所需试剂和仪器如下：

（1）0.1mol/L $Ba(OH)_2$ 标准液 500mL；

（2）0.1mol/L 盐酸 500mL；

（3）酚酞指示剂 50mL；

（4）酸式滴定管 10mL；

（5）5mL 移液管 2 支；

（6）150mL 锥形瓶及其塞子 4 个。

测定二氧化碳浓度的步骤如下：

（1）使用移液管取 10mL 的 0.1mol/L $Ba(OH)_2$ 溶液，倒入锥形瓶中，并从塔底取出 10mL 溶液加入。用塞子封好锥形瓶，并轻轻振荡使溶液充分混合。

（2）向溶液中加入 2～3 滴酚酞指示剂，观察溶液颜色变化情况。

（3）用 0.1mol/L 盐酸滴定溶液，缓慢滴入锥形瓶中，直到溶液从粉红色变为无色的瞬间。此时为滴定的终点。

（4）记录滴定过程中所使用的盐酸体积。滴定数据记录表见表 4-9。

根据上述实验数据，按式(4-9）计算得出溶液中二氧化碳的浓度（mol/L)：

$$c_{CO_2}=\frac{2c_{Ba(OH)_2}V_{Ba(OH)_2}-c_{HCl}V_{HCl}}{2V_{溶液}} \tag{4-9}$$

表 4-9　滴定数据记录表

序号	项目	数值
1	中和CO_2 用 $Ba(OH)_2$ 的浓度/(mol/L)	
2	中和CO_2 用 $Ba(OH)_2$ 的体积/mL	
3	滴定用盐酸的浓度/(mol/L)	
4	滴定塔底吸收液用盐酸的体积/mL	
5	滴定空白液用盐酸的体积/mL	
6	样品的体积/mL	

第五章

化工原理基础实验

实验一　流体流型实验

一、实验目的

（1）观察流体在管内流动的两种不同流型。

（2）测定临界雷诺数 Re_c。

二、基本原理

流体流动有两种不同型态，即层流（或称滞流，laminar flow）和湍流（或称紊流，turbulent flow），这一现象最早是由雷诺（Reynolds）于 1883 年首先发现的。流体作层流流动时，其流体质点作平行于管轴的直线运动，且在径向无脉动；流体作湍流流动时，其流体质点除沿管轴方向作向前运动外，还在径向作脉动，从而在宏观上显示出紊乱地向各个方向作不规则的运动。

流体流动型态可用雷诺数（Re）来判断，这是一个由各影响变量组合而成的无量纲数群，故其值不会因采用不同的单位制而不同。但应当注意，数群中各物理量必须采用同一单位制。若流体在圆管内流动，则雷诺数可用下式表示：

$$Re=\frac{du\rho}{\mu} \tag{5-1}$$

式中　Re——雷诺数，无量纲；

d——管子内径，m；

u——流体在管内的平均流速，m/s；

ρ——流体密度，kg/m^3；

μ——流体黏度；Pa·s。

层流转变为湍流时的雷诺数称为临界雷诺数，用 Re_c 表示。工程上一般认为，流体在直圆管内流动时，当 $Re \leqslant 2000$ 时为层流；当 $Re > 4000$ 时，圆管内已形成湍流；当 Re 在

2000～4000 范围内时，流动处于一种过渡状态，可能是层流，也可能是湍流，或者是二者交替出现，这要视外界干扰而定，一般称这一雷诺数范围为过渡区。

式(5-1) 表明，对于一定温度的流体，在特定的圆管内流动，雷诺数仅与流体流速有关。本实验即是通过改变流体在管内的速度，观察在不同雷诺准数下流体的流动型态。

三、实验装置及流程

实验装置如图 5-1 所示。主要由玻璃试验导管、流量计、流量调节阀、低位贮水槽、循环水泵、稳压溢流水槽等部分组成，演示主管路为 $\phi 20\times 2$mm 硬质有机玻璃。其中溢流稳压槽中，隔板的板孔起到稳定水流，减小震动的作用；采用溢流板来恒定供水水压。

实验前，先将水充满低位贮水槽，关闭流量计后的调节阀，然后启动循环水泵。待水充满稳压溢流水槽后，开启流量计后的调节阀。水由稳压溢流水槽流经缓冲槽、试验导管和流量计，最后流回低位贮水槽。水流量的大小，可由流量计和调节阀调节。读流量计时，以上平面为基准。

示踪剂采用蓝色墨水，它由墨水贮槽经连接管和细孔喷嘴，注入试验导管。细孔玻璃注射管（或注射针头）位于试验导管入口的轴线部位。

注意：实验用的水应清洁，蓝墨水的密度应与水相当，装置要放置平稳，避免震动。

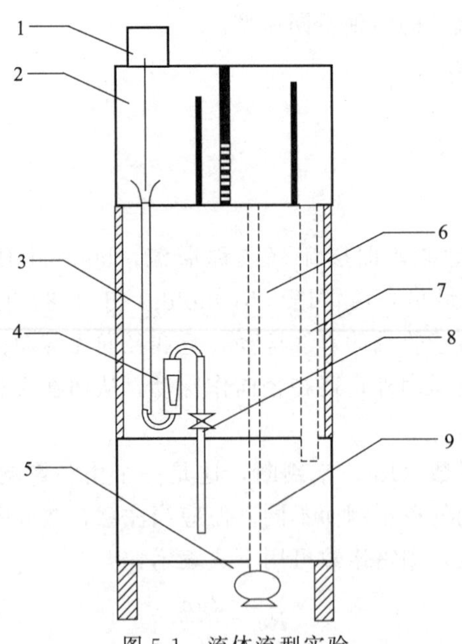

图 5-1　流体流型实验

1—蓝墨水贮槽；2—稳压溢流水槽；3—试验导管；4—转子流量计；5—循环水泵；6—上水管；7—溢流回水管；8—调节阀；9—贮水槽

四、实验操作

1. 层流流动型态

试验时，先少许开启调节阀，将流速调至所需要的值。再调节蓝墨水贮槽的下口旋塞，并作精细调节，使蓝墨水的注入流速与试验导管中主体流体的流速相适应，一般略低于主体流体的流速为宜。待流动稳定后．记录主体流体的流量。此时，在试验导管的轴线上，就可观察到一条垂直的蓝色细流，好像一根拉直的蓝线一样。

2. 湍流流动型态

缓慢地加大调节阀的开度，使水流量平稳地增大，玻璃导管内的流速也随之平稳地增大。此时可观察到，玻璃导管轴线上呈直线流动的蓝色细流，开始发生波动。蓝色细流的波动程度随流速的增大而增大，最后断裂成一段段的蓝色细流。当流速继续增大时，蓝墨水进入试验导管后立即呈烟雾状分散在整个导管内，进而迅速与主体水流混为一体，使整个管内流体染为蓝色，以致无法辨别蓝墨水的流线。

五、数据记录和处理

将上述实验测得的数据填写到表 5-1 中。

设备编号__________；管子内径＝__________；水温＝__________；

水的密度＝__________；水的黏度＝__________。

表 5-1　实验记录表

序号	转子流量计读数/(m^3/h)	墨水线形状	流速/(m/s)	*Re*	流动形态判断	
					根据观察	根据雷诺数
1						
2						
…						

六、实验报告要求

（1）每种流型都要有计算举例，计算中注意单位。具体计算举例内容包括：

① 水的参数查询；

② 速度的计算；

③ *Re* 的计算。

（2）实验观察到的现象和课本中流体流型的理论是否一致？进行比较讨论，并根据实验结果判断临界雷诺数的范围。

（3）结合实验结果，说明流体流动形态的影响因素有哪些。

七、思考题

（1）在化工生产中，不能采用直接观察法来判断管中流体的流动型态时，可用什么方法来判断流体的流动型态？

（2）有人认为流体的流动型态只用流速一个指标就能够判断，你认为这种观点正确吗？在什么条件下可以只用流速这个指标来判断？

实验二　机械能转化实验

一、实验目的

（1）观测动、静、位压头随管径、位置、流量的变化情况，验证连续性方程和伯努利方程。

（2）定量考察流体流经收缩、扩大管段时，流体流速与管径关系。

（3）定量考察流体流经直管段时，流体阻力与流量关系。

（4）定性观察流体流经节流件、弯头的压头损失情况。

二、基本原理

化工生产中，流体的输送多在密闭的管道中进行，因此研究流体在管内的流动是化学工程中一个重要课题。任何运动的流体都遵守质量守恒定律和能量守恒定律，这是研究流体力学性质的基本出发点。

1. 连续性方程

对于流体在管内稳定流动时的质量守恒形式表现为如下的连续性方程：

$$\rho_1\iint_1 v\mathrm{d}A=\rho_2\iint_2 v\mathrm{d}A \tag{5-2}$$

根据平均流速的定义，有

$$\rho_1 u_1 A_1=\rho_2 u_2 A_2 \tag{5-3}$$

即

$$m_1=m_2$$

而对均质、不可压缩流体，$\rho_1=\rho_2=$常数，则式(5-3）变为

$$u_1 A_1=u_2 A_2 \tag{5-4}$$

可见，对均质、不可压缩流体，平均流速与流通截面积成反比，即面积越大，流速越小；反之，面积越小，流速越大。对圆管，$A=\pi d^2/4$，d 为直径，于是式(5-4）可转化为

$$u_1 d_1^2=u_2 d_2^2 \tag{5-5}$$

2. 机械能衡算方程

运动的流体除了遵循质量守恒定律以外，还应满足能量守恒定律，依此，在工程上可进一步得到十分重要的机械能衡算方程。

对于均质、不可压缩流体，在管路内稳定流动时，其机械能衡算方程（以单位重量流体为基准）为：

$$z_1+\frac{u_1^2}{2g}+\frac{p_1}{\rho g}+H_{\mathrm{e}}=z_2+\frac{u_2^2}{2g}+\frac{p_2}{\rho g}+H_{\mathrm{f}} \tag{5-6}$$

显然，上式中各项均具有高度的量纲，z 称为位头，$u^2/2g$ 称为动压头（速度头），

$p/\rho g$ 称为静压头（压力头），H_e 称为外加压头，H_f 称为压头损失。

关于上述机械能衡算方程的讨论：

（1）理想流体的伯努利方程：无黏性的即没有黏性摩擦损失的流体称为理想流体，就是说，理想流体的 $H_f=0$，若此时又无外加功加入，则机械能衡算方程变为：

$$z_1+\frac{u_1^2}{2g}+\frac{p_1}{\rho g}=z_2+\frac{u_2^2}{2g}+\frac{p_2}{\rho g} \tag{5-7}$$

式(5-7) 为理想流体的伯努利方程。该式表明，理想流体在流动过程中，总机械能保持不变。

（2）静止流体的伯努利方程：若流体静止，则 $u=0$，$H_e=0$，$H_f=0$，于是机械能衡算方程变为

$$z_1+\frac{p_1}{\rho g}=z_2+\frac{p_2}{\rho g} \tag{5-8}$$

式(5-8) 即为流体静力学方程，可见流体静止状态是流体流动的一种特殊形式。

三、实验装置及流程

图 5-2 中所示装置为有机玻璃材料制作的管路系统，通过泵使流体循环流动。管路内径为 30mm，节流件变截面处管内径为 15mm。单管压力计 1 和 2 可用于验证变截面连续性方程，单管压力计 1 和 3 可用于比较流体经节流件后的压头损失，单管压力计 3 和 4 可用于比较流体经弯头和流量计后的压头损失及位能变化情况，单管压力计 4 和 5 可用于验证直管段雷诺数与流体阻力系数关系，单管压力计 6 与 5 配合使用，用于测定单管压力计 5 处的中心点速度。

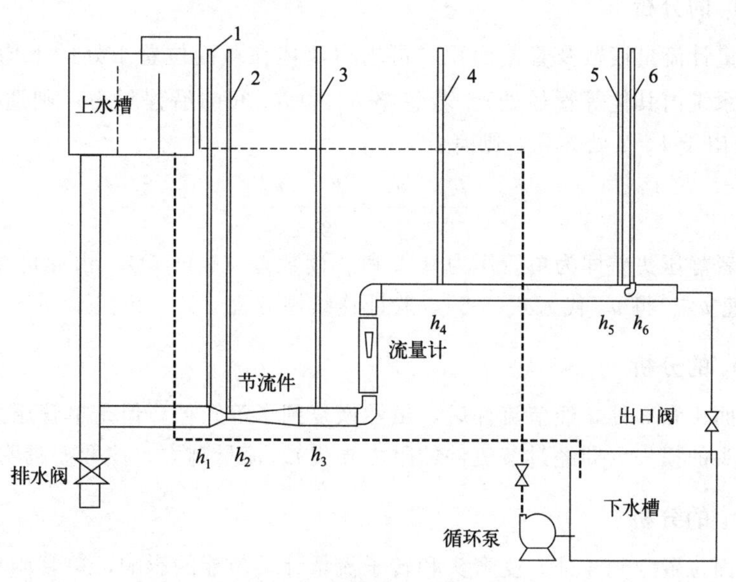

图 5-2　机械能转化实验装置图

（1～6 均为单管压力计）

四、实验步骤与注意事项

1. 实验步骤

（1）先在下水槽中加满清水，保持管路排水阀、出口阀处于关闭状态，通过循环泵将水打入上水槽中，使整个管路中充满流体，并保持上水槽液位一定高度，先观察流体静止状态时，各单管压力计液面高度 h_i（$i=1\sim6$，单位为 mmH_2O）。

（2）通过出口阀调节管内流量，注意保持上水槽液位高度稳定（即保证整个系统处于稳定流动状态），并尽可能使转子流量计读数在刻度线上。观察记录各单管压力计读数和流量值。

（3）改变流量，观察各单管压力计读数随流量的变化情况。注意每改变一个流量，需给予系统一定的稳流时间，方可读取数据。

（4）结束实验，关闭循环泵，全开出口阀排尽系统内流体，之后打开排水阀排空管内沉积段流体。

2. 注意事项

（1）若不是长期使用该装置，对下水槽内液体也应作排空处理，防止沉积尘土而堵塞测速管。

（2）每次实验开始前，需先清洗整个管路系统，即先使管内流体流动数分钟，检查阀门、管段有无堵塞或漏水情况。

五、数据分析

1. h_1 和 h_2 的分析

由转子流量计流量读数及管截面积，可求得流体在截面位置 1 处的平均流速 u_1（该平均流速适用于系统内其他等管径处）。若忽略 h_1 和 h_2 间的沿程阻力，则适用伯努利方程，即式(5-7)，且由于 1、2 处等高，则有：

$$\frac{p_1}{\rho g}+\frac{u_1^2}{2g}=\frac{p_2}{\rho g}+\frac{u_2^2}{2g} \tag{5-9}$$

其中，两者静压头差即为单管压力计 1 和 2 读数差（mH_2O），由此可求得流体在截面 2 处的平均流速 u_2。将 u_2 代入式(5-5)，验证连续性方程。

2. h_1 和 h_3 的分析

流体在截面 1 和 3 处，经节流件后，虽然恢复到了等管径，但是单管压力计 1 和 3 的读数差说明了压头的损失（即经过节流件的阻力损失）。流量越大，读数差越明显。

3. h_3 和 h_4 的分析

流体经截面位置 3 到 4 处，受弯头和转子流量计及位能的影响，单管压力计 3 和 4 的读数差明显，且随流量的增大，读数差也变大，可定性观察流体局部阻力导致的压头损失。

4. h_4 和 h_5 的分析

直管段截面 4 和 5 之间，单管压力计 4 和 5 的读数差说明了直管阻力的存在（小流量时，该读数差不明显，具体考察直管阻力系数的测定，可使用流体阻力装置），根据式(5-10）可推算得阻力系数，然后根据雷诺数，作出两者关系曲线。

$$h_f=\lambda \frac{L}{d}\frac{u^2}{2g} \tag{5-10}$$

式中，L 为截面 4 和截面 5 之间的直管长度；d 为对应的直管内径。

5. h_5 和 h_6 的分析

单管压力计 5 和 6 之差指示的是 5 处管路的中心点速度，即最大速度 u_c，有

$$\Delta h=\frac{u_c^2}{2g} \tag{5-11}$$

考察在不同雷诺数下，最大速度 u_c 与管路平均速度 u 的关系。

六、数据记录和处理

将实验数据记录到表 5-2 中。

装置号：________流体温度 t=________。

表 5-2　实验记录表

序号	流量 $q_v/(m^3/h)$	测压头水位/cm					
		1	2	3	4	5	6
1							
2							
…							

七、实验报告要求

参照数据分析的要求，需要用伯努利方程对各种类型的机械能转化进行验证，建议采用完整的伯努利方程，经简化后得到计算公式，然后再用简化后的公式验证机械能的转化。

（1）每种流型情况均要进行验证计算。

（2）根据要求绘制相应的关系曲线。

（3）对实验计算结果进行讨论，理解并总结机械能转化的规律。

八、思考题

（1）在关闭出口阀的情况下，各测压点液位高度是否一致？解析一致或者不一致的原因。

（2）在出口阀门有一定开度的情况下，单管压力计 3 和 1 哪一点的液位高度大？为什么？

（3）对于同一点而言，零流量时液位高度大于一定流量时的液位高度，并且离水槽越远，二者的差值就越大，这一差值的物理意义是什么？为什么？

（4）开大出口阀，流速增加，动压头增加，为什么测压管的液位反而下降？

实验三　流体流动阻力测定实验

一、实验目的

(1) 掌握测定流体流经直管、管件和阀门时阻力损失的一般实验方法。

(2) 测定直管摩擦系数 λ 与雷诺数 Re 的关系，验证在一般湍流区内 λ 与 Re 的关系曲线。

(3) 测定流体流经管件、阀门时的局部阻力系数 ξ。

(4) 识别组成管路的各种管件、阀门，并了解其作用。

二、基本原理

流体通过由直管、管件（如三通和弯头等）和阀门等组成的管路系统时，由于黏性剪应力和涡流应力的存在，要损失一定的机械能。流体流经直管时所造成机械能损失称为直管阻力损失。流体通过管件、阀门时因流体运动方向和速度大小改变所引起的机械能损失称为局部阻力损失。

（一）直管阻力摩擦系数 λ 的测定

流体在水平等径直管中稳定流动时，阻力损失为：

$$h_f=\frac{\Delta p_f}{\rho}=\frac{p_1-p_2}{\rho}=\lambda\frac{l}{d}\frac{u^2}{2} \tag{5-12}$$

即

$$\lambda=\frac{2d\Delta p_f}{\rho l u^2} \tag{5-13}$$

式中　λ——直管阻力摩擦系数，无量纲；

d——直管内径，m；

Δp_f——流体流经直管的压力降，Pa；

h_f——单位质量流体流经直管的机械能损失，J/kg；

ρ——流体密度，kg/m^3；

l——直管长度，m；

u——流体在管内流动的平均流速，m/s。

滞流（层流）时，

$$\lambda=\frac{64}{Re} \tag{5-14}$$

$$Re=\frac{du\rho}{\mu} \tag{5-15}$$

式中　Re——雷诺数，无量纲；

μ——流体黏度，kg/(m・s)。

湍流时 λ 是雷诺数 Re 和相对粗糙度（ε/d）的函数，须由实验确定。

由式(5-13) 可知，欲测定 λ，需确定 l、d，测定 Δp_f、u、ρ、μ 等参数。l、d 为装置参数（装置参数表格中给出），ρ、μ 通过测定流体温度，再查有关手册而得，u 通过测定流体流量，再由管径计算得到。

例如本装置采用涡轮流量计测流量 V，单位为 m^3/h。

$$u=\frac{V}{900\pi d^2} \tag{5-16}$$

Δp_f 可用 U 形管、倒置 U 形管、测压直管等液柱压差计测定，本实验采用差压变送器，将压力转换成电动信号传输至仪表和电脑上显示出来。

当采用倒置 U 形管液柱压差计时：

$$\Delta p_f=\rho g R \tag{5-17}$$

式中，R 为水柱高度，m。

当采用 U 形管液柱压差计时：

$$\Delta p_f=(\rho_0-\rho)gR \tag{5-18}$$

式中　R——液柱高度，m；

　ρ_0——指示液密度，kg/m^3。

根据实验装置结构参数 l、d，指示液密度 ρ_0，流体温度 t_0（查流体物性 ρ、μ），及实验时测定的流量 V、液柱压差计的读数 R，通过式(5-16)、式(5-17) 或式(5-18)、式(5-15) 和式(5-13) 求取 Re 和 λ，再将 Re 和 λ 标绘在双对数坐标图上。

（二）摩擦系数的经验关系式

根据大量实验结果，摩擦系数有多种形式的经验关联式，介绍其中重要的两种：布拉休斯（Blasius）公式和顾毓珍公式。

1. 布拉休斯公式

$$\lambda=\frac{0.3164}{Re^{0.25}} \tag{5-19}$$

该公式适合计算在光滑管内湍流流动的摩擦系数，$Re=3\times10^3\sim1\times10^5$。

2. 顾毓珍公式

$$\lambda=0.0056+\frac{0.5000}{Re^{0.32}} \tag{5-20}$$

这是我国化工专家顾毓珍教授提出的关联式，该公式适合计算在光滑管内湍流流动的摩擦系数，$Re=3\times10^3\sim3\times10^6$。

（三）局部阻力系数 ξ 的测定

局部阻力损失通常有两种表示方法，即当量长度法和阻力系数法。

1. 当量长度法

流体流过某管件或阀门时造成的机械能损失看作与某一长度为 l_e 的同直径的管道所产生的机械能损失相当，此折合的管道长度称为当量长度，用符号 l_e 表示。这样，就可以用直管阻力的公式来计算局部阻力损失，而且在管路计算时可将管路中的直管长度与管件、阀门的当量长度合并在一起计算，则流体在管路中流动时的总机械能损失 $\sum h_f$ 为：

$$\sum h_f = \lambda \frac{l + \sum l_e}{d} \frac{u^2}{2} \tag{5-21}$$

2. 阻力系数法

流体通过某一管件或阀门时的机械能损失表示为流体在小管径内流动时平均动能的某一倍数，局部阻力的这种计算方法称为阻力系数法。即：

$$\frac{p_1}{\rho} = \frac{p_2}{\rho} + \left(\lambda \frac{l}{d} + \xi\right)\frac{u^2}{2} \tag{5-22}$$

$$\Delta p_{f,局部阻力管路} = p_1 - p_2 \tag{5-23}$$

其中　直管段阻力直接用光滑管直管阻力实验值，即 $\lambda \frac{l}{d}\frac{u^2}{2} = \frac{\Delta p_{f,光滑管路}}{\rho}$

得到

$$\xi \cdot \frac{u^2}{2} = \frac{\Delta p_{f,局部阻力管路} - \Delta p_{f,光滑管路}}{\rho} = \frac{\Delta p_f'}{\rho} \tag{5-24}$$

故

$$\xi = \frac{2\Delta p_f'}{\rho u^2} \tag{5-25}$$

式中　ξ——局部阻力系数，无量纲；

$\Delta p_f'$——局部阻力压强降，Pa（本装置中，所测得的压降应扣除两测压口间直管段的压降，直管段的压降由直管阻力实验结果求取）；

ρ——流体密度，kg/m^3；

u——流体在小截面管中的平均流速，m/s。

待测的管件和阀门由现场指定。本实验采用阻力系数法表示管件或阀门的局部阻力损失。

根据连接管件或阀门两端管径中小管的直径 d、指示液密度 ρ_0、流体温度 t_0（查流体物性 ρ、μ）及实验时测定的流量 V、压差计读数 Δp_f，通过式(5-16)、式(5-25) 求取管件或阀门的局部阻力系数 ξ。

三、实验装置与流程

1. 实验装置

实验装置如图 5-3 所示。实验对象部分是由水箱，离心泵，不同管径、材质的水管，各种阀门、管件，涡轮流量计和差压计等所组成的。管路部分有三段并联的长直管 A、B 和 C，分别用于测定局部阻力系数、光滑管直管阻力系数和粗糙管直管阻力系数。测定局部阻力系数使用不锈钢管，其上装有待测管件（闸阀）；光滑管直管阻力的测定同样使用内壁光滑的不锈钢管，而粗糙管直管阻力的测定对象为管道内壁较粗糙的镀锌管。水的流量使用涡轮流量计测量，管路和管件的阻力采用差压变送器将差压信号传递给无纸记录仪。

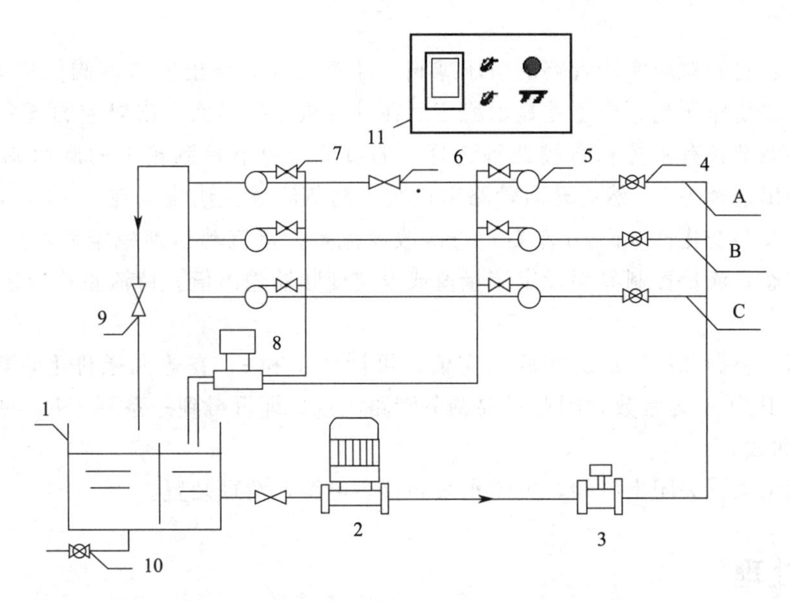

图 5-3　流体阻力测定实验装置流程示意图

1—水箱；2—管道泵；3—涡轮流量计；4—进口阀；5—均压阀；6—闸阀；7—引压阀；8—差压变送器；9—出口阀；10—排水阀；11—电气控制箱

2. 装置参数

装置参数如表 5-3 所示。

表 5-3　流体流动阻力测定装置参数

名称	材质	管参数		测量段长度/cm
		管路号	管内径/mm	
局部阻力	不锈钢管(装闸阀)	1A	20.0	95
光滑管	不锈钢管	1B	20.0	100
粗糙管	镀锌铁管	1C	21.0	100

四、实验步骤

(1) 泵启动：首先对水箱进行灌水，然后关闭出口阀，打开总电源和仪表开关，启动水泵，待电机转动平稳后，把出口阀缓缓开到最大。

(2) 实验管路选择：选择实验管路，把对应的进口阀和差压打开，并在出口阀最大开度下，保持全流量流动 5～10min。

(3) 排气：首先将管路中残留的气泡排走，以免影响压差测量的准确性。然后对差压变送器管路进行排气。

① 排主管路气泡：全速大流量将管路中气泡排出，出口红色阀门（水箱上面）全部打开（逆时针旋转到头）。若仪器面板【流量】显示为【自动】，将输出调节为 100；若仪器面板【流量】为【手动】，则将红色闸阀全部打开。

② 排测压管路气泡：将主管路流量适当调小，打开两个排气阀（左下侧变送器 transmitter 上面)，使气体更容易从测压口两个排气阀门排出；排气计时约 30s 即可。排气后，关闭排气阀。

(4) 引压：打开对应实验管路的引压球阀（注意其余管路出入口球阀保持关闭），则差压变送器检测该管路压差，待压差显示稳定后在计算机监控界面点击对应的【采集数据】。

(5) 流量调节：有手控和自控两种选择，通过旋转电器控制箱上的旋钮调节。手控状态，变频器输出选择 100，然后开启管路出口阀，调节流量，让流量在 $1\sim4m^3/h$ 范围内变化，建议每次实验变化 $0.5m^3/h$ 左右。每次改变流量，待流动达到稳定后，记下对应的压差值；自控状态，流量控制界面设定流量值或设定变频器输出值，待流量稳定记录相关数据即可。

(6) 计算：根据 Δp 和 u 的实验测定值，可计算 λ 和 ξ，在等温条件下，雷诺数 $Re=du\rho/\mu=Au$，其中 A 为常数，因此只要调节管路流量，即可得到一系列 λ-Re 的实验点，从而绘出 λ-Re 曲线。

(7) 实验结束：关闭出口阀，关闭水泵和仪表电源，清理装置。

五、数据处理

根据上述实验测得的数据填写到表 5-4 中。

设备编号=________；温度=______；

光滑管管径=________；粗糙管管径=________；局部阻力管管径=______。

表 5-4　数据记录表

序号	流量 /(m³/h)	光滑管压差 /kPa	流量 /(m³/h)	粗糙管压差 /kPa	流量 /(m³/h)	局部阻力压差/kPa
1						
2						
…						

六、实验报告要求

(1) 根据光滑管实验结果，对照布拉休斯公式或顾毓珍公式，计算其误差。

(2) 根据粗糙管实验结果，在双对数坐标纸上标绘出 λ-Re 曲线，对照《化工原理》教材上有关曲线图，即可估算出该管的相对粗糙度和绝对粗糙度。

(3) 根据局部阻力实验结果，求出闸阀全开时 ξ 的平均值。

(4) 对实验结果进行分析讨论。

七、思考题

(1) 以水做介质所测得的 λ-Re 关系能否用于其他流体？如何应用？

(2) 在不同设备上（包括不同管径），不同水温下测定的 λ-Re 数据能否关联在同一条曲线上？

(3) 如果测压口、孔边缘有毛刺或安装不垂直，对静压的测量有何影响？

实验四　离心泵特性曲线测定实验

一、实验目的

（1）了解离心泵结构与特性，熟悉离心泵的使用。

（2）掌握离心泵特性曲线测定方法。

（3）了解流量调节的工作原理和使用方法。

二、基本原理

离心泵的特性曲线是选择和使用离心泵的重要依据之一，其特性曲线是在恒定转速下泵的扬程 H_e、轴功率 P_a 及效率 η 与泵的流量 q_v 之间的关系曲线，它是流体在泵内流动规律的宏观表现形式。由于泵内部流动情况复杂，不能用理论方法推导出泵的特性关系曲线，只能依靠实验测定，离心泵在出厂前，均由泵制造厂测定 H_e-q_v、P_a-q_v 及 η-q_v 三条曲线，列于产品说明书供用户参考。

1. 扬程 *H* 的测定与计算

取离心泵进口和出口截面处为1、2两截面，列机械能衡算方程：

$$z_1+\frac{p_1}{\rho g}+\frac{u_1^2}{2g}+H_e=z_2+\frac{p_2}{\rho g}+\frac{u_2^2}{2g}+\sum H_f \tag{5-26}$$

由于两截面间的管长较短，通常可忽略阻力项 $\sum H_f$，速度平方差也很小，验证实验计算中可忽略，则有

$$H_e=(z_2-z_1)+\frac{p_2-p_1}{\rho g}=H_0+H_1(\text{表值})+H_2 \tag{5-27}$$

式中　H_e——离心泵的有效压头（扬程），m；

H_0——表示泵出口和进口间的位差，$H_0=z_2-z_1$，m；

ρ——流体密度，kg/m^3；

g——重力加速度 m/s^2；

p_1、p_2——分别为泵进、出口的真空度和表压，Pa；

H_1、H_2——分别为泵进、出口的真空度和表压对应的压头，m；

u_1、u_2——分别为泵进、出口的流速，m/s；

z_1、z_2——分别为泵入口、泵出口的截面位置高度，m。

由上式可知，只要直接读出真空表和压力表上的数值及离心泵出入口的高度差，就可计算出泵的扬程。

2. 轴功率 P_a 的测量与计算

$$P_a=P_{电机}k \tag{5-28}$$

式中，$P_{电机}$ 为电功率表显示值，kW；k 代表电机传动效率，根据经验可取 $k=0.95$。

3. 效率 η 的计算

泵的效率 η 是泵的有效功率 P_e（effective power）与轴功率 P_a（power of axis）的比值。有效功率 P_e 是单位时间内流体经过泵时所获得的实际功，轴功率 P_a 是单位时间内泵轴从电机得到的功，两者差异反映了水力损失、容积损失和机械损失的大小。

泵的有效功率 P_e 可用下式计算：

$$P_e = Hq_v\rho g \tag{5-29}$$

故泵效率为：

$$\eta = \frac{P_e}{P_a} = \frac{Hq_v\rho g}{P_a} \times 100\% \tag{5-30}$$

4. 转速改变时的换算

泵的特性曲线是在定转速下的实验测定所得。但是，实际上感应电动机在转矩改变时，其转速会有变化，这样随着流量 q_v 的变化，多个实验点的转速 n 将有所差异，因此在绘制特性曲线之前，须将实测数据换算为某一定转速 n'（可取离心泵的额定转速 2900r/min）下的数据。换算关系如下：

流量：

$$q_v' = q_v \frac{n'}{n} \tag{5-31}$$

扬程：

$$H' = H\left(\frac{n'}{n}\right)^2 \tag{5-32}$$

轴功率：

$$P_a' = P_a\left(\frac{n'}{n}\right)^3 \tag{5-33}$$

效率：

$$\eta' = \frac{H'q_v'\rho g}{P_a'} \tag{5-34}$$

三、实验装置与流程

离心泵特性曲线测定装置流程如图 5-4 所示。

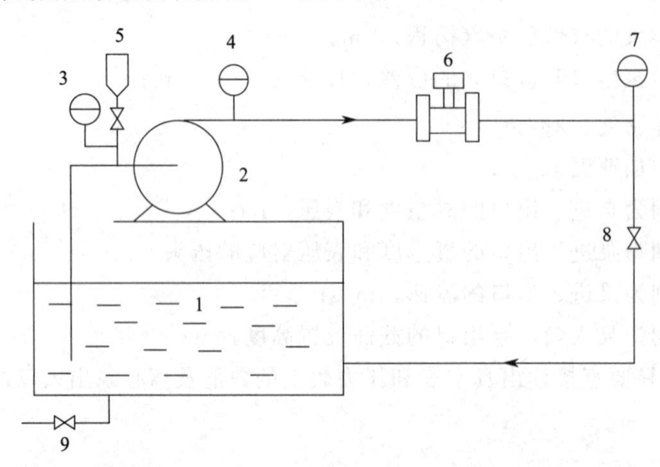

图 5-4　实验装置流程示意图

1—水箱；2—离心泵；3—泵进口真空表；4—泵出口压力表；5—灌泵口；6—涡轮流量计；7—温度计；8—出口阀；9—排水阀

四、实验步骤及注意事项

1. 实验步骤

（1）清洗水箱，并加装实验用水。给离心泵灌水，排出泵内气体。

（2）检查各阀门开度和仪表自检情况，试开状态下检查电机和离心泵是否正常运转。开启离心泵之前先将出口阀关闭，当泵达到额定转速后方可逐步打开出口阀。

（3）实验时，逐渐打开调节阀以增大流量，待各仪表读数显示稳定后，读取相应数据。

① 仪表液晶显示界面获取实验数据为：流量 q_v、电机功率 $P_{电机}$、泵转速 n；

② 压力表读数：泵进口真空度 P_1、泵出口表压 P_2；

③ 流体温度：建议用酒精温度计测量更加准确；

④ 离心泵入口与出口截面高度差 H_0：用直尺或三角板，从管截面中心位置测量。

（4）测取 10 组左右数据后，可以停泵，同时记录下设备的相关数据（如离心泵型号，额定流量、扬程和功率等）。停泵前先将闸阀关闭，再关泵的电源。

2. 注意事项

（1）一般每次实验前，均需对泵进行灌泵操作，以防止离心泵气缚。同时注意定期对泵进行保养，防止叶轮被固体颗粒损坏。

（2）泵运转过程中，勿触碰泵主轴部分，因其高速转动，可能会缠绕并伤害身体接触部位。

（3）不要在出口阀关闭状态下长时间使泵运转，一般不超过 3min。否则，泵中液体循环温度升高，易产生气泡，使泵抽空。

五、数据记录和处理

（1）将实验原始数据记录至表 5-5 中。

装置号：________泵进出口测压点高度差 H_0=________；

流体温度 t=________；离心泵型号=____；

额定流量=______；额定扬程=______；额定功率=______。

表 5-5　实验记录表

序号	流量q_v/(m^3/h)	泵进口压力 P_1/MPa	泵出口压力 P_2/MPa	电机功率 $P_{电机}$/kW	泵转速 n/(r/min)
1					
2					
…					

（2）按照比例定律校核转速后，根据公式依次计算各流量下的泵扬程、轴功率和效率，在表 5-6 中记录计算结果。

表 5-6　数据处理记录表

序号	流量q_v/(m^3/h)	扬程 H/m	轴功率 P_a/kW	泵效率 η/%
1				
2				
…				

六、实验报告要求

（1）在同一图上绘制一定转速下的离心泵特性曲线：H-q_v、P_a-q_v、η-q_v。

（2）通常，在额定流量下，压头损失最小，离心泵的效率最高。分析实验结果，判断泵最适宜的工作范围，建议查阅文献资料作为参考范围。

七、思考题

（1）试从所测实验数据分析离心泵在启动时为什么要关闭出口阀门。

（2）启动离心泵之前为什么要引水灌泵？如果灌泵后依然启动不起来，你认为可能的原因是什么？

（3）为什么用泵的出口阀门调节流量？这种方法有什么优缺点？是否还有其他调节流量的方法？

（4）泵启动后，出口阀如果不开，压力表读数是否会逐渐上升？为什么？

（5）正常工作的离心泵，在其进口管路上安装阀门是否合理？为什么？

实验五 水蒸气-空气对流传热系数测定实验

一、实验目的

(1) 了解间壁式传热元件，掌握给热系数测定的实验方法。

(2) 掌握热电阻测温的方法，观察水蒸气在水平管外壁上的冷凝现象。

(3) 学会给热系数测定实验的数据处理方法，了解影响给热系数的因素和强化传热的途径。

二、基本原理

在工业生产过程中，一般情况下，冷、热流体系通过固体壁面（传热元件）进行热量交换，称为间壁式换热。如图 5-5 所示，间壁式传热过程由热流体对固体壁面的对流传热、固体壁面的热传导和固体壁面对冷流体的对流传热所组成。

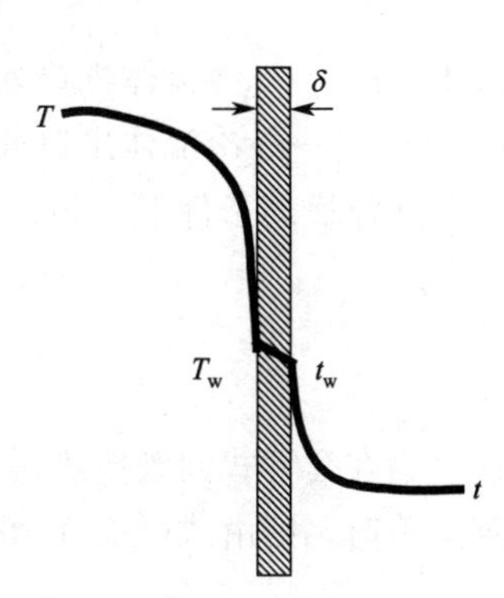

图 5-5 间壁式传热过程示意图

达到传热稳定时，有

$$
\begin{aligned}
Q &= q_{m1}c_{p1}(T_1-T_2)=q_{m2}c_{p2}(t_2-t_1) \\
&= \alpha_1 A_1 (T-T_w)_m = \alpha_2 A_2 (t_w - t)_m = KA\Delta t_m
\end{aligned}
\tag{5-35}
$$

式中 Q——传热量，J/s；

q_{m1}——热流体的质量流率，kg/s；

c_{p1}——热流体的比热容，J/(kg·℃)；

T_1——热流体的进口温度,℃；

T_2——热流体的出口温度,℃；

q_{m2}——冷流体的质量流率，kg/s；

c_{p2}——冷流体的比热容，J/(kg·℃)；

t_1——冷流体的进口温度,℃；

t_2——冷流体的出口温度,℃；

α_1——热流体与固体壁面的对流传热系数，W/(m^2·℃)；

A_1——热流体侧的对流传热面积，m^2；

$(T-T_w)_m$——热流体与固体壁面的对数平均温差,℃；

α_2——冷流体与固体壁面的对流传热系数，W/(m^2·℃)；

A_2——冷流体侧的对流传热面积，m^2；

$(t_w-t)_m$——固体壁面与冷流体的对数平均温差,℃；

K——以传热面积 A 为基准的总传热系数，W/(m^2·℃)；

Δt_m——冷热流体的对数平均温差,℃。

热流体与固体壁面的对数平均温差可由下式计算：

$$(T-T_w)_m=\frac{(T_1-T_{w1})-(T_2-T_{w2})}{\ln\frac{T_1-T_{w1}}{T_2-T_{w2}}}$$

式中　T_{w1}——热流体进口处热流体侧的壁面温度，℃；

T_{w2}——热流体出口处热流体侧的壁面温度，℃。

固体壁面与冷流体的对数平均温差可由下式计算：

$$(t_w-t)_m=\frac{(t_{w1}-t_1)-(t_{w2}-t_2)}{\ln\frac{t_{w1}-t_1}{t_{w2}-t_2}}$$

式中　t_{w1}——冷流体进口处冷流体侧的壁面温度，℃；

t_{w2}——冷流体出口处冷流体侧的壁面温度，℃。

逆流换热条件下，热、冷流体间的对数平均温差可由式(5-36) 计算。

$$\Delta t_m=\frac{(T_1-t_2)-(T_2-t_1)}{\ln\frac{T_1-t_2}{T_2-t_1}} \tag{5-36}$$

当在套管式间壁换热器中，环隙通水蒸气，内管管内通冷空气或水进行对流传热系数测定实验时，则由式(5-37) 得内管内壁面与冷空气或水的对流传热系数。

$$\alpha_2=\frac{m_2c_{p2}(t_2-t_1)}{A_2(t_w-t)_m} \tag{5-37}$$

实验中测定紫铜管的壁温 t_{w1}、t_{w2}，冷空气或水的进出口温度 t_1、t_2，实验用紫铜管的长度 l、内径 d_2，$A_2=\pi d_2l$，冷流体的质量流量，即可计算 α_2。

然而，直接测量固体壁面的温度，尤其管内壁的温度，实验技术难度大，而且所测得的数据准确性差，带来较大的实验误差。因此，通过测量相对较易测定的冷热流体温度来间接推算流体与固体壁面间的对流传热系数就成为人们广泛采用的一种实验研究手段。

由式(5-35) 得，

$$K=\frac{m_2c_{p2}(t_2-t_1)}{A\Delta t_m} \tag{5-38}$$

实验测定 m_2、t_1、t_2、T_1、T_2，并查取 $t_{平均}=\frac{1}{2}(t_1+t_2)$下冷流体对应的 c_{p2}、换热面积 A，即可由式(5-38) 计算得总传热系数 K。

下面通过两种方法来求对流传热系数。

1. 近似法求算对流传热系数 α_2

以管内壁面积为基准的总传热系数与对流传热系数间的关系为，

$$\frac{1}{K}=\frac{1}{\alpha_2}+R_{S2}+\frac{bd_2}{\lambda d_m}+R_{S1}\frac{d_2}{d_1}+\frac{d_2}{\alpha_1d_1} \tag{5-39}$$

式中　d_1——换热管外径，m；

d_2——换热管内径，m；

d_m——换热管的对数平均直径，m；

b——换热管的壁厚，m；

λ——换热管材料的热导率，W/(m・℃)；

R_{S1}——换热管外侧的污垢热阻，$m^2 \cdot K/W$；

R_{S2}——换热管内侧的污垢热阻，$m^2 \cdot K/W$。

用本装置进行实验时，管内冷流体与管壁间的对流传热系数约为 $10 \sim 10^3$（$W/m^2 \cdot K$）；而管外为蒸汽冷凝，冷凝传热系数 α_1 可达 $10^4 W/(m^2 \cdot K)$ 左右，因此冷凝传热热阻$\frac{d_2}{\alpha_1 d_1}$可忽略，同时蒸汽冷凝较为清洁，因此换热管外侧的污垢热阻 $R_{S1}\frac{d_2}{d_1}$也可忽略。实验中的传热元件材料采用紫铜，导热系数为 $383.8 W/(m \cdot K)$，壁厚为 2.5mm，因此换热管壁的导热热阻$\frac{bd_2}{\lambda d_m}$可忽略。若换热管内侧的污垢热阻 R_{S2} 也忽略不计，则由式(5-39) 得：

$$\alpha_2 \approx K$$

由此可见，被忽略的传热热阻与冷流体侧对流传热热阻相比越小，此法所得的准确性就越高。

2. 传热特征数式求算对流传热系数 α_2

对于流体在圆形直管内作强制湍流对流传热时，若符合如下条件：$Re = 1.0 \times 10^4 \sim 1.2 \times 10^5$，$Pr = 0.7 \sim 120$，管长与管内径之比 $l/d \geqslant 60$，则传热特征数经验式为：

$$Nu = 0.023 Re^{0.8} Pr^n \tag{5-40}$$

式中 Nu——努塞尔数，$Nu = \frac{\alpha d}{\lambda}$，无量纲；

Re——雷诺数，$Re = \frac{du\rho}{\mu}$，无量纲；

Pr——普兰特数，$Pr = \frac{c_p \mu}{\lambda}$，无量纲；

n——当流体被加热时 $n = 0.4$，流体被冷却时 $n = 0.3$；

α——流体与固体壁面的对流传热系数，$W/(m^2 \cdot ℃)$；

d——换热管内径，m；

λ——流体的热导率，$W/(m \cdot ℃)$；

u——流体在管内流动的平均速度，m/s；

ρ——流体的密度，kg/m^3；

μ——流体的黏度，$Pa \cdot s$；

c_p——流体的比热容，$J/(kg \cdot ℃)$。

对于水或空气在管内强制对流被加热时，可将式(5-40) 改写为：

$$\frac{1}{\alpha_2} = \frac{1}{0.023} \times \left(\frac{\pi}{4}\right)^{0.8} \times d_2^{1.8} \times \frac{1}{\lambda_2 Pr_2^{0.4}} \times \left(\frac{\mu_2}{m_2}\right)^{0.8} \tag{5-41}$$

令

$$m = \frac{1}{0.023} \times \left(\frac{\pi}{4}\right)^{0.8} \times d_2^{1.8}$$

$$X = \frac{1}{\lambda_2 Pr_2^{0.4}} \times \left(\frac{\mu_2}{m_2}\right)^{0.8}; Y = \frac{1}{K} \tag{5-42}$$

$$C = R_{S2} + \frac{bd_2}{\lambda d_m} + R_{S1}\frac{d_2}{d_1} + \frac{d_2}{\alpha_1 d_1} \tag{5-43}$$

则式(5-39) 可写为：

$$Y=mX+C \tag{5-44}$$

当测定管内不同流量下的对流传热系数时，由式(5-43) 计算所得的 C 值为一常数。管内径 d_2 一定时，m 也为常数。因此，实验时测定不同流量所对应的 t_1、t_2、T_1、T_2，由式(5-44) 求取一系列 X、Y 值，再绘制 X-Y 曲线或将所得的 X、Y 值回归成一直线，该直线的斜率即为 m。任一冷流体流量下的对流传热系数 α_2 可用式(5-45) 求得。

$$\alpha_2=\frac{\lambda_2 Pr_2^{0.4}}{m}\times\left(\frac{m_2}{\mu_2}\right)^{0.8} \tag{5-45}$$

3. 冷流体质量流量的测定

用孔板流量计测冷流体的流量，则

$$q_{m2}=\rho q_v$$

式中，q_v 为冷流体进口处流量计读数；ρ 为冷流体进口温度下对应的密度。

在 0～100℃之间，冷流体的物性与温度的关系有如下拟合公式。

(1) 空气的密度与温度的关系式：$\rho=10^{-5}t^2-4.5\times10^{-3}t+1.2916$。

(2) 空气的比热容与温度的关系式：60℃以下，$c_p=1005$ J/(kg·℃)；

70℃以上，$c_p=1009$ J/(kg·℃)。

(3) 空气的热导率与温度的关系式：$\lambda=-2\times10^{-8}t^2+8\times10^{-5}t+0.0244$。

(4) 空气的黏度与温度的关系式：$\mu=(-2\times10^{-6}t^2+5\times10^{-3}t+1.7169)\times10^{-5}$。

三、实验装置与流程

1. 实验装置

实验装置如图 5-6 所示。

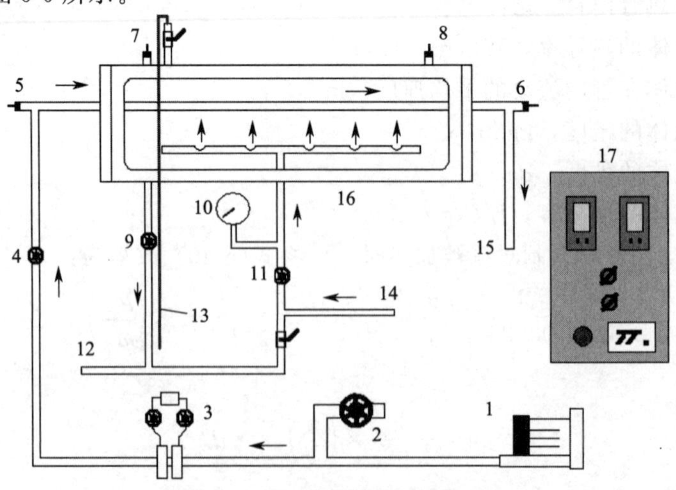

图 5-6 空气-水蒸气换热流程图

1—旋涡式气泵；2—排气阀；3—孔板流量计；4—冷流体进气阀；5—冷流体进口温度；6—冷流体出口温度；7—冷流体进口侧蒸汽温度；8—冷流体出口侧蒸汽温度；9—冷凝水出口阀；10—压力表；11—蒸汽进口阀；12—冷凝水排水口；13—紫铜管；14—蒸汽进口；15—冷流体出口；16—换热器；17—电气控制箱

来自蒸汽发生器的水蒸气进入不锈钢套管换热器环隙，与来自风机的空气在套管换热器内进行热交换，冷凝水经疏水器排入地沟。冷空气经孔板流量计或转子流量计进入套管换热器内管（紫铜管），热交换后排出装置外。

2. 设备与仪表规格

（1）紫铜管规格：直径 ϕ21mm×2.5mm，长度 L=1000mm。

（2）外套不锈钢管规格：直径 ϕ100mm×5mm，长度 L=1000mm。

（3）铂热电阻及无纸温度记录仪。

（4）全自动蒸汽发生器及蒸汽压力表。

四、实验步骤与注意事项

1. 实验步骤

（1）打开控制面板上的总电源开关，打开仪表电源开关使仪表通电预热，确认仪表显示正常。

（2）在蒸汽发生器中灌装清水至水箱的球体中部，开启发生器电源，使水处于加热状态。到达符合条件的蒸汽压力后，系统会自动处于保温状态。

（3）打开控制面板上的风机电源开关，让风机工作，同时打开冷流体进口阀，让套管换热器里充有一定量的空气。

（4）打开冷凝水出口阀，排出上次实验余留的冷凝水，在整个实验过程中也保持一定开度。

（5）在通水蒸气前，也应将蒸汽发生器到实验装置之间管道中的冷凝水排出，否则夹带冷凝水的蒸汽会损坏压力表及压力变送器。具体排除冷凝水的方法是：关闭蒸汽进口阀门，打开装置下面的排冷凝水阀门，让蒸汽压力把管道中的冷凝水带走，当听到蒸汽响时关闭冷凝水排除阀，方可进行下一步实验。

（6）开始通入蒸汽时，要仔细调节蒸汽阀的开度，让蒸汽徐徐流入换热器中，逐渐充满系统中，使系统由“冷态”转变为“热态”，这个过程不得少于10min，防止不锈钢管换热器因突然受热、受压而爆裂。

（7）上述准备工作结束，系统也处于“热态”后，调节蒸汽进口阀，使蒸汽进口压力维持在0.02MPa，可通过调节蒸汽发生器出口阀及蒸汽进口阀开度来实现。

（8）改变流量，记录不同流量下的实验数值。自动调节冷空气进口流量时，可通过仪表调节风机转速频率来改变冷流体的流量到一定值，在每个流量条件下，均须待热交换过程稳定后方可记录实验数值。一般每个流量下至少应使热交换过程保持15min方为视为稳定。

（9）记录6～8组实验数据，结束实验。先关闭蒸汽发生器，关闭蒸汽进口阀，关闭仪表电源，待系统逐渐冷却后关闭风机电源，待冷凝水流尽，关闭冷凝水出口阀，关闭总电源。

（10）打开实验软件，输入实验数据，进行后续处理。

2. 注意事项

（1）冷凝水出口阀应注意开度适中，开得太大会使换热器里的蒸汽跑掉，开得太小会使换热不锈钢管里的蒸汽压力增大而使不锈钢管炸裂。

（2）一定要在套管换热器内管输以一定量的空气后，方可开启蒸汽阀门，且必须在排出蒸汽管线上原先积存的凝结水后，方可把蒸汽通入套管换热器中。

（3）操作过程中，蒸汽压力一般控制在 0.02MPa（表压）以下，否则可能造成不锈钢管爆裂和填料损坏。

（4）确定各参数时，必须是在稳定传热状态下，随时注意蒸汽量的调节和压力表读数的调整。

五、实验数据处理

自行设计实验记录表格，并将数据记录软件中的实验数据记录下来。

六、实验报告要求

（1）冷流体传热系数的实验值与理论值列表比较，计算各点误差，并分析讨论。

① 理论值用近似法求解；

② 实验值用传热特征数法求解。

（2）冷流体传热系数的准数式：$Nu/Pr^{0.4}=ARe^{m}$。

① 由实验数据作图直接拟合曲线方程，确定式中常数 A 及 m；或者以 $\ln(Nu/Pr^{0.4})$ 为纵坐标，$\ln(Re)$ 为横坐标；

② 实验数据的回归结果标绘在图上，并与教材中的经验式 $Nu/Pr^{0.4}=0.023\,Re^{0.8}$ 比较。

七、思考题

（1）实验中冷流体和蒸汽的流向，对传热效果有何影响？

（2）在计算空气质量流量时所用到的密度值与求雷诺数时的密度值是否一致？它们分别表示什么位置的密度，应在什么条件下进行计算？

（3）实验过程中，冷凝水不及时排走，会产生什么影响？如何及时排走冷凝水？如果采用不同压强的蒸汽进行实验，对 α 关联式有何影响？

实验六　筛板塔精馏实验

一、实验目的

（1）了解筛板精馏塔及其附属设备的基本结构，掌握精馏过程的基本操作方法。

（2）学会判断系统达到稳定的方法，掌握测定塔顶、塔釜溶液浓度的实验方法。

（3）学习测定精馏塔全塔效率和单板效率的实验方法，研究回流比对分离效率的影响。

二、基本原理

筛板塔是最早出现的塔板之一。筛板就是在板上打很多筛孔，操作时气体直接穿过筛孔进入液层。塔板开孔部分称为鼓泡区，即气液两相传质的场所，也是区别不同塔板的依据。筛板塔的优点是构造简单、造价低，此外也能稳定操作，板效率也较高。目前在国内外大量应用。筛板塔的缺点是易堵塞（近年来发展了大孔径筛板，以适应大塔径、易堵塞物料的需要）。

为了使塔板在稳定范围内操作，必须了解板式塔的几个极限操作状态，主要观察研究各塔板的漏液点和液泛点，即塔板操作的上、下限。

（1）漏液点。设想在一定液量下，当气速不够大时，塔板上的液体会有一部分从筛孔漏下，这样就会降低塔板的传质效率。因此，一般要求塔板应在不漏液的情况下操作。所谓的漏液点是指刚使液体不从塔板上泄漏时的气速，也称为最小气速。

（2）液泛点。当气速大到一定程度，液体就不再从降液管下流，而是从下塔板上升，这就是板式塔的液泛。液泛点也就是达到液泛时的气速。

（一）全塔效率 E_T

全塔效率又称总板效率，是指达到指定分离效果所需理论板数与实际板数的比值，即

$$E_T=\frac{N_T-1}{N_P} \tag{5-46}$$

式中　N_T——完成一定分离任务所需的理论塔板数，包括蒸馏釜；

N_P——完成一定分离任务所需的实际塔板数，不包括蒸馏釜，本装置 $N_P=10$。

全塔效率简单地反映了整个塔内塔板的平均效率，说明了塔板结构、物性系数、操作状况对塔分离能力的影响。对于塔内所需理论塔板数 N_T，可由已知的双组分物系平衡关系，以及实验中测得的塔顶、塔釜出液的组成，回流比 R 和热状况 q 等，用图解法求得。

（二）单板效率 E_M

单板效率又称默弗里板效率，如图 5-7 所示，是指气相或液相经过一层实际塔板前后的组成变化值与经过一层理论板前后的组成变化值之比。

按气相组成变化表示的单板效率为

$$E_{MV}=\frac{y_n-y_{n+1}}{y_n^*-y_{n+1}} \tag{5-47}$$

按液相组成变化表示的单板效率为

$$E_{ML}=\frac{x_{n-1}-x_n}{x_{n-1}-x_n^*} \tag{5-48}$$

式中 x_n^*——与 y_n 成平衡的液相摩尔分数；

y_n^*——与 x_n 成平衡的气相摩尔分数；

y_n、y_{n+1}——离开第 n、$n+1$ 块塔板的气相摩尔分数；

x_{n-1}、x_n——离开第 $n-1$、n 块塔板的液相摩尔分数。

（三）图解法求理论塔板数 N_T

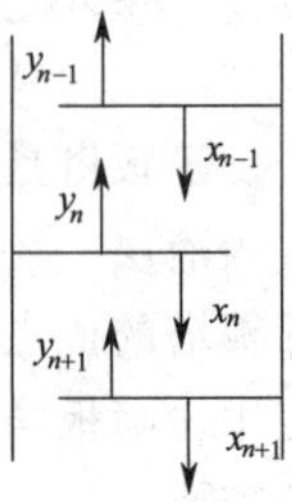

图解法又称麦凯布-蒂勒（McCabe-Thiele）法，简称 M-T 法，其原理与逐板计算法完全相同，只是将逐板计算过程在 y-x 图上直观地表示出来。

精馏段的操作线方程为：

$$y_{n+1}=\frac{R}{R+1}x_n+\frac{x_D}{R+1} \tag{5-49}$$

图 5-7 塔板气液流向示意图

式中 y_{n+1}——精馏段第 $n+1$ 块塔板上升的蒸汽摩尔分数；

x_n——精馏段第 n 块塔板下流的液体摩尔分数；

x_D——塔顶馏出液的液体摩尔分数；

R——泡点回流下的回流比。

提馏段的操作线方程为：

$$y_{m+1}=\frac{L'}{L'-W}x_m-\frac{Wx_W}{L'-W} \tag{5-50}$$

式中 y_{m+1}——提馏段第 $m+1$ 块塔板上升的蒸汽摩尔分数；

x_m——提馏段第 m 块塔板下流的液体摩尔分数；

x_W——塔底釜液的液体摩尔分数；

L'——提馏段内下流的液体量，kmol/s；

W——釜液流量，kmol/s。

加料线（q 线）方程可表示为：

$$y=\frac{q}{q-1}x-\frac{x_F}{q-1} \tag{5-51}$$

其中，

$$q=1+\frac{c_{pF}(t_{BF}-t_F)}{r_F} \tag{5-52}$$

式中 q——进料热状况参数；

r_F——进料液组成下的汽化潜热，kJ/kmol；

t_{BF}——进料液的泡点温度，℃；

t_F——进料液温度，℃；

c_{pF}——进料液在平均温度 $(t_{BF}-t_F)/2$ 下的比热容，kJ/(kmol·℃)；

x_F——进料液摩尔分数。

回流比 R 的确定：

$$R=\frac{L}{D} \tag{5-53}$$

式中　L——回流液量，kmol/s；

D——馏出液量，kmol/s。

式(5-53) 只适用于泡点下回流时的情况，而实际操作时为了保证上升气流能完全冷凝，冷却水量一般都比较大，回流液温度往往低于泡点温度，即冷液回流。

如图 5-8 所示，从全凝器出来的温度为 t_R、流量为 L 的液体回流进入塔顶第一块板，由于回流温度低于第一块塔板上的液相温度，离开第一块塔板的一部分上升蒸汽将被冷凝成液体，这样，塔内的实际流量将大于塔外回流量。

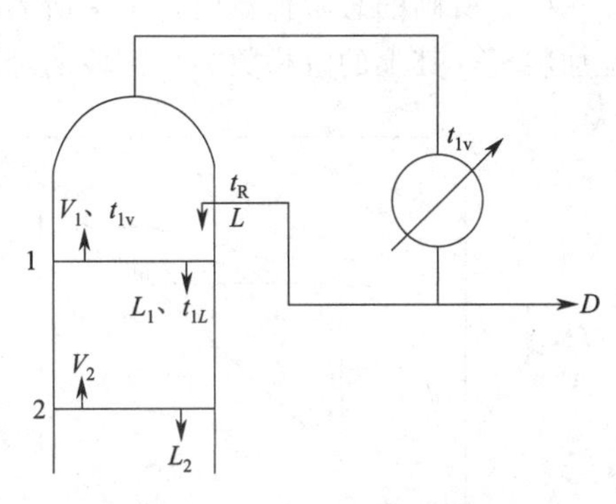

图 5-8　塔顶回流示意图

对第一块板作物料、热量衡算：

$$V_1+L_1=V_2+L \tag{5-54}$$

$$V_1I_{V1}+L_1I_{L1}=V_2I_{V2}+LI_L \tag{5-55}$$

对式(5-52)、式(5-54)、式(5-55) 整理、化简后，近似可得：

$$L_1\approx L\left[1+\frac{c_p(t_{1L}-t_R)}{r}\right] \tag{5-56}$$

即实际回流比：

$$R_1=\frac{L_1}{D} \tag{5-57}$$

$$R_1=\frac{L\left[1+\frac{c_p(t_{1L}-t_R)}{r}\right]}{D} \tag{5-58}$$

式中　V_1、V_2——离开第 1、2 块板的气相摩尔流量，kmol/s；

L_1——塔内实际液流量，kmol/s；

I_{V1}、I_{V2}、I_{L1}、I_L——指对应 V_1、V_2、L_1、L 下标的焓值，kJ/kmol；

r——回流液组成下的汽化潜热，kJ/kmol；

c_p——回流液在 t_{1L} 与 t_R 平均温度下的平均比热容，kJ/(kmol·℃)。

1. 全回流操作

在精馏全回流操作时，操作线在 y-x 图上为对角线，如图 5-9 所示，根据塔顶、塔釜的组成在操作线和平衡线间作梯级，即可得到理论塔板数。

2. 部分回流操作

部分回流操作时，如图 5-10 所示，图解法的主要步骤为：

(1) 根据物系和操作压力在 y-x 图上作出相平衡曲线，并画出对角线作为辅助线；

(2) 在 x 轴上定出 $x=x_D$、x_w、x_F 三点，依次通过这三点作垂线分别交对角线于点

a、f、b；

(3) 在 y 轴上定出 $y_c=x_D/(R+1)$ 的点 c，连接 a、c 作出精馏段操作线；

(4) 由进料热状况求出 q 线的斜率 $q/(q-1)$，过点 f 作出 q 线交精馏段操作线于点 d；

(5) 连接点 d、b 作出提馏段操作线；

(6) 从点 a 开始在平衡线和精馏段操作线之间画阶梯，当梯级跨过点 d 时，就改在平衡线和提馏段操作线之间画阶梯，直至梯级跨过点 b 为止；

(7) 所画的总阶梯数就是全塔所需的理论塔板数（包含再沸器），跨过点 d 的那块板就是加料板，其上的阶梯数为精馏段的理论塔板数。

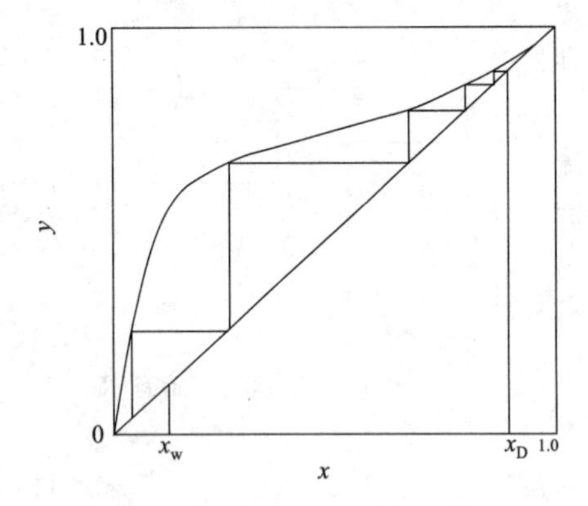

图 5-9 全回流时理论板数的确定

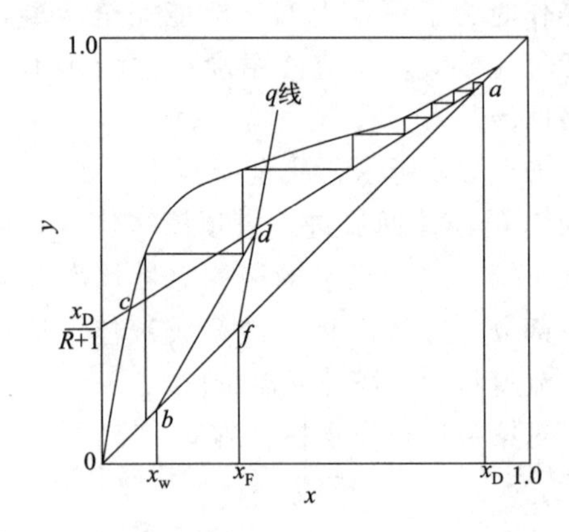

图 5-10 部分回流时理论板数的确定

三、实验装置和流程

本实验装置的主体设备是筛板精馏塔，配套的有加料系统、回流系统、产品出料管路、残液出料管路、进料泵和一些测量、控制仪表。

筛板塔主要结构参数：塔内径 $D=68\text{mm}$，厚度 $\delta=2\text{mm}$，塔节 $\phi76\text{mm}\times4$，塔板数 $N=10$ 块，板间距 $H_T=100\text{mm}$。加料位置由下向上起数第 3 块和第 5 块。降液管采用弓形，齿形堰，堰长 56mm，堰高 7.3mm，齿深 4.6mm，齿数 9 个。降液管底隙 4.5mm。筛孔直径 $d_0=1.5\text{mm}$，正三角形排列，孔间距 $t=5\text{mm}$，开孔数为 74 个。塔釜为内电加热式，加热功率 2.5kW，有效容积为 10L。塔顶冷凝器、塔釜换热器均为盘管式。单板取样为自下而上第 1 块和第 10 块，斜向上为液相取样口，水平管为气相取样口。

本实验料液为乙醇-水溶液，釜内液体由电加热器产生蒸汽逐板上升，经与各板上的液体传质后，进入盘管式换热器壳程，冷凝成液体后再从集液器流出，一部分作为回流液从塔顶流入塔内，另一部分作为产品馏出，进入产品储槽；残液经釜液转子流量计流入残液储槽。精馏过程如图 5-11 所示。

四、实验步骤与注意事项

1. 实验步骤

(1) 全回流：

① 配制浓度为 10%～20%（体积分数）的料液加入贮罐中，打开进料管路上的阀门，

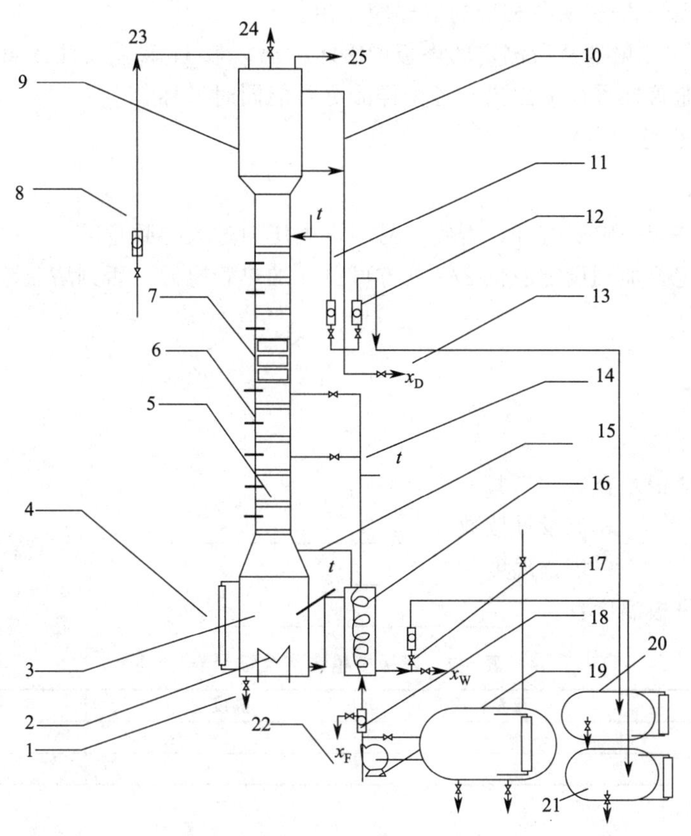

图 5-11　筛板塔精馏塔实验装置图

1—塔釜排液口；2—电加热器；3—塔釜；4—塔釜液位计；5—塔板；6—温度计；7—窥视节；8—冷却水流量计；9—盘管冷凝器；10—塔顶平衡管；11—回流液流量计；12—塔顶出料流量计；13—产品取样口；14—进料管路；15—塔釜平衡管；16—盘管加热器；17—塔釜出料流量计；18—进料流量计；19—进料泵；20—产品储槽；21—残液储槽；22—料液取样口；23—冷却水进口；24—惰性气体出口；25—冷却水出口

由进料泵将料液打入塔釜，至釜容积的 2/3 处（由塔釜液位计可观察）。

② 关闭塔身进料管路上的阀门，启动电加热管电源，调节加热电压至适中位置，使塔釜温度缓慢上升（因塔中部玻璃部分较为脆弱，若加热过快玻璃极易碎裂，使整个精馏塔报废，故升温过程应尽可能缓慢）。

③ 打开塔顶冷凝器的冷却水，调节合适冷凝量，并关闭塔顶出料管路，使整塔处于全回流状态。

④ 当塔顶温度、回流量和塔釜温度稳定后，分别取塔顶和塔釜样品，分析塔顶浓度 X_D 和塔釜浓度 X_W。

（2）部分回流：

① 在储料罐中配制一定浓度的乙醇水溶液（约 10%～20%）。

② 待塔全回流操作稳定时，打开进料阀，调节进料量至适当的流量。

③ 控制塔顶回流和出料两转子流量计，调节回流比 R（R=1～4）。

④ 当塔顶、塔内温度读数稳定后即可取样。

（3）取样与分析：

① 进料、塔顶、塔釜从各相应的取样阀放出。

② 塔板取样用注射器从所测定的塔板中缓缓抽出，取 1mL 左右注入事先洗净烘干的针剂瓶中，并给该瓶盖标号以免出错，各个样品尽可能同时取样。

③ 将样品进行色谱分析。

2. 注意事项

(1) 塔顶放空阀一定要打开，否则容易因塔内压力过大导致危险。

(2) 料液一定要加到设定液位 2/3 处方可打开加热管电源，否则塔釜液位过低会使电加热丝露出干烧致坏。

五、数据记录

测量的酒度值记录在表 5-7 中。

装置号：________，流量计读数=____________________；

塔顶温度=______；塔釜温度=________；

其余每一块塔板温度：__________________________。

表 5-7 筛板塔精馏实验记录表

样品类型	测量温度	酒度值	摩尔分数
塔顶样品			
塔釜样品			

六、实验报告要求

(1) 将酒度计测量结果用酒度计换算表换算为质量分数，然后通过计算将质量分数转换为摩尔分数。

(2) 通过电脑绘图或者坐标纸绘图，用 McCabe-Thiele 图解法计算理论板数。

(3) 全回流计算全塔效率，部分回流计算单板效率。

(4) 分析并讨论实验过程中观察到的现象和讨论实验数据处理结果。

七、思考题

(1) 测定全回流和部分回流总板效率与单板效率时各需测几个参数？取样位置在何处？

(2) 全回流时测得板式塔上第 n、$n-1$ 层液相组成后，如何求得 x_n^*？部分回流时，又如何求 x_n^*？

(3) 在全回流时，测得板式塔上第 n、$n-1$ 层液相组成后，能否求出第 n 层塔板上的以气相组成变化表示的单板效率？

(4) 查取进料液的汽化潜热时定性温度取何值？

第六章

化工原理仿真实训

仿真实训一　流体输送综合

一、目的

（1）了解流体输送综合实训装置的基本原理和主要设备的结构及特点。

（2）了解离心泵结构、工作原理及性能参数，测定离心泵特性曲线及确定离心泵最佳工作点；掌握正确使用、维护保养离心泵通用技能；判断离心泵气缚、气蚀等异常现象并掌握排除异常的技能；能够根据工艺条件正确选择离心泵的类型及型号。

（3）了解旋涡泵的结构、工作原理及其流量调节方法。了解压缩机的工作原理、主要性能参数及输送液体的方法。学会根据工艺要求正确操作流体输送设备完成流体输送任务。

（4）了解喷嘴流量计、文丘里流量计、转子流量计、涡轮流量计、热电阻温度计、各种常用液位计、压差计等工艺参数测量仪表的结构和测量原理；掌握使用方法。

（5）理解并掌握流体静力学基本方程、物料平衡方程、伯努利方程及流体在圆形管路内流动阻力的基本理论及应用。应用所学的流体力学、流体输送机械基本理论，分析解决流体输送过程中出现的一般问题。

二、原理

流体输送生产过程的控制目的是确保物料平衡并保证工艺过程中各项指标符合要求，以实现生产过程的持续稳定，并生产出合格的产品。这样做可以有效地提高生产效率和产品质量，从而满足客户的需求和市场的竞争需求。

1. 离心泵测定的基本原理

在实际生产中，单台离心泵有时无法满足所需的流量或扬程要求，因此需要将多台规格相同的离心泵进行组合运行。这种组合方式可以采用串联或并联两种形式。

泵的并联工作是将规格相同的离心泵并联起来（如图 6-1 所示）以提高流量。当输送任务的需求变化幅度较大时，多个离心泵并联起来共同工作，可以发挥离心泵的经济效益，使其能够在高效点范围内运行，从而增加了流体的输送能力和处理能力。这种工作方式可以有效应对变化的工艺需求，提高生产效率和灵活性。

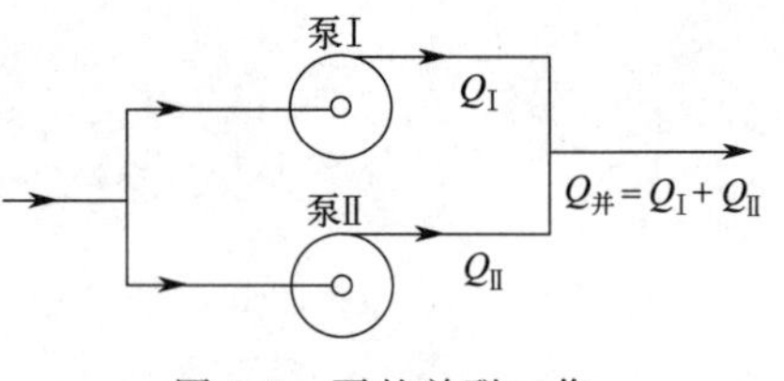

图 6-1　泵的并联工作

泵的串联工作是将规格相同的离心泵串联起来，以提高泵的扬程。通过这种方式，多台离心泵逐级协同工作，在各个泵之间形成一定的压力差，有效提升了流体的扬程能力。泵的串联工作方式常用于需要输送流体到较高位置或者经过长距离输送的场合。

通过合理选择并联或串联组合方式，可以根据实际生产需求来调整流量或者扬程。这种泵的组合运行方式旨在充分发挥离心泵的性能优势，以满足生产过程中的特定要求。同时，这种方式也提供了更大的灵活性和可调节性，使得生产过程能够更加高效、稳定和可靠地进行。

综上所述，离心泵的并联和串联工作方式为实际生产提供了更大的灵活性和可调节性，能够有效应对不同的流量和扬程需求，并提高生产过程的效率和稳定性。在实际应用中可根据具体情况选择适当的组合方式，以满足生产要求。

2. 直管阻力测定的基本原理

在管路中流动的流体往往会经历一定的压力损失，这是由于流体内部的黏性剪切力和涡流现象造成的。这种压力损失主要体现为两种形式：直管摩擦阻力和局部阻力。

当流体通过管道时，流体与管道壁之间会发生存摩擦作用，导致直管摩擦阻力的产生。直管摩擦阻力与流体在管道内的摩擦系数有关，并且与阻力损失成正比。式(6-1) 表示在一定的流速和雷诺数下，流体流过直管时的摩擦系数与阻力损失之间的关系，可以变形为式(6-2) 后可求得摩擦系数 λ。在实际应用中，摩擦系数取决于流体的性质以及管道的表面特性，如光滑度和粗糙度。同时，阻力损失还受到流体密度、流速和管道内径的影响。通过合理选择管道直径和优化管道壁面处理，可以减小流体流过直管时的摩擦阻力，从而降低压力损失。

$$h_{\mathrm{f}}=\lambda \frac{l}{d}\frac{u^2}{2} \tag{6-1}$$

$$\lambda=h_{\mathrm{f}}\frac{d}{l}\frac{2}{u^2} \tag{6-2}$$

式中　h_{f}——直管阻力损失，J/kg；
l——直管长度，m；
d——直管内径，m；
u——流体的速度，m/s；
λ——摩擦系数，无量纲。

通过对两截面间作机械能衡算，得到式(6-3)。对于水平等径直管 $z_1=z_2$，$u_1=u_2$，可进一步简化为式(6-4)，从而测算出阻力损失 h_{f}。

$$h_{\mathrm{f}}=\left(\frac{p_1}{\rho}+z_1g+\frac{u_1^2}{2}\right)-\left(\frac{p_2}{\rho}+z_2g+\frac{u_2^2}{2}\right) \tag{6-3}$$

$$h_{\mathrm{f}}=\frac{p_1-p_2}{\rho} \tag{6-4}$$

式中　p_1-p_2——两截面的压强差，N/m^2；

ρ——流体的密度，kg/m^3。

流速由流量计测得，再测出两截面上静压强的差即可算出 λ。在已知 d、u 的情况下只需测出流体的温度，查出该温度下流体的 ρ、μ，则可求出雷诺数 Re，从而得出流体流过直管的摩擦系数 λ 与雷诺数 Re 的关系。

综上所述，流体在管路中流动时会引起压力损失，其中包括直管摩擦阻力和局部阻力。直管摩擦阻力与流体摩擦系数和管道参数有关，而局部阻力则源于管道内的不规则形状。合理选择管道直径和优化管道设计可以减小压力损失，提高流体输送效率。企业在实际应用中应当注意减小流体压力损失，以提高系统的性能和经济效益。

3. 局部阻力测定的基本原理

除了直管摩擦阻力，流体在通过管道时还会遇到局部阻力。局部阻力主要由管道的变径、弯头、阀门和管道连接等不规则形状引起。这些不规则形状会引起流体的流动受阻，导致局部阻力的产生。流体流过阀门、扩大、缩小等管件时，所引起的阻力损失可用式(6-5)计算，结合机械能衡算的简化公式(6-3)，得到式(6-6)。

$$h_f=\xi\frac{u^2}{2} \tag{6-5}$$

式中　h_f——局部阻力引起的能量损失，J/kg；

ξ——局部阻力系数，无量纲，一般通过实验测定。

$$\xi=\left(\frac{2}{\rho}\right)\cdot\frac{\Delta p'_f}{u^2} \tag{6-6}$$

式中，$\Delta p'_f$为局部阻力引起的压强降（p_1-p_2），Pa。

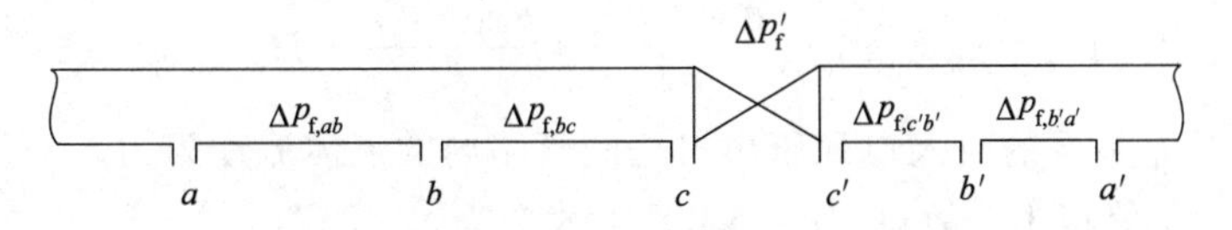

图 6-2　局部阻力测量取压口布置图

局部阻力引起的压强降 $\Delta p'_f$可用下面的方法测量：在一条各处直径相等的直管段上，安装待测局部阻力的阀门，在其上、下游开两对测压口 a-a'和 b-b'，见图 6-2，使 $ab=bc$；$a'b'=b'c'$。

则 $\Delta p_{f,ab}=\Delta p_{f,bc}$；$\Delta p_{f,a'b'}=\Delta p_{f,b'c'}$。

在 a-a'之间列伯努利方程式有：

$$p_a-p_{a'}=2\Delta p_{f,ab}+2\Delta p_{f,a'b'}+\Delta p'_f \tag{6-7}$$

在 b-b'之间列伯努利方程式：

$$p_b-p_{b'}=\Delta p_{f,bc}+\Delta p_{f,c'b'}+\Delta p'_f=\Delta p_{f,ab}+\Delta p_{f,a'b'}+\Delta p'_f \tag{6-8}$$

联立式(6-7) 和式(6-8)，有

$$\Delta p'_f=2(p_b-p_{b'})-p_a-p_{a'} \tag{6-9}$$

为了实验方便，称（$p_b-p_{b'}$）为近点压差，称（$p_a-p_{a'}$）为远点压差，用压差传感器来测量。

4. 节流式流量计测定的基本原理

流体流过节流式（孔板、文丘里、喷嘴）流量计时，由于喉部流速大压强小，文氏管前端与喉部产生压差，此差值可用倒U形压差计或单管压差计测出，而压强差与流量大小有关。

$$q_v=C_oA_o\sqrt{\frac{2(p_{上}-p_{下})}{\rho}} \tag{6-10}$$

式中 C_o——节流式流量计的流量系数；

A_o——喉孔截面面积，m^2；

q_v——流量，m^3/s；

ρ——流体的密度，kg/m^3；

$p_{上}$、$p_{下}$——文丘里上下游压力，Pa。

5. 离心泵特性曲线

离心泵是最常见的液体输送设备。在一定的型号和转速下，离心泵的扬程 H、轴功率 N 及效率 η 均随流量 q_v 而改变。通常通过实验测出 H_e-q_v、P_a-q_v 及 η-q_v 关系，并用曲线表示，称为特性曲线。特性曲线是确定泵的适宜操作条件和选用泵的重要依据。泵特性曲线的具体测定方法如下：

（1）H_e 的测定

在泵的吸入口和排出口之间列伯努利方程

$$z_{入}+\frac{p_{入}}{\rho g}+\frac{u_{入}^2}{2g}+H_e=z_{出}+\frac{p_{出}}{\rho g}+\frac{u_{出}^2}{2g}+H_{f,入—出}$$

$$H_e=z_{出}-z_{入}+\frac{p_{出}-p_{入}}{\rho g}+\frac{u_{出}^2-u_{入}^2}{2g}+H_{f,入—出}$$

上式中 $H_{f,入\sim出}$ 是泵的吸入口和压出口之间管路内的流体流动阻力，与伯努利方程中其他项比较，$H_{f,入\sim出}$ 值很小，故可忽略。于是上式变为：

$$H_e=z_{出}-z_{入}+\frac{p_{出}-p_{入}}{\rho g}+\frac{u_{出}^2-u_{入}^2}{2g} \tag{6-11}$$

将测得的 $z_{出}-z_{入}$ 和 $p_{出}-p_{入}$ 值，以及计算所得的 $u_{出}$、$u_{入}$ 代入上式，即可求得 H_e。

（2）P_a 的测定

功率表测得的功率为电动机的输入功率。由于泵由电动机直接带动，传动效率可视为100%，即1，所以电动机的输出功率等于泵的轴功率。即：

泵的轴功率 P_a=电动机输出功率，单位为kW。

其中：电动机输出功率=电动机输入功率（即功率表读数）×电动机效率（取经验值60%），则泵的轴功率 P_a=功率表读数×电动机效率。

（3）离心泵的总效率 η 测定

$$\eta=\frac{P_e}{P_a}$$

$$P_e=\frac{H_eq_v\rho g}{1000}=\frac{H_eq_v\rho}{102} \tag{6-12}$$

式中 η——泵的效率；

P_a——泵的轴功率，kW；

P_e——泵的有效功率，kW；

H_e——泵的扬程（泵的有效压头），m；

q_v——泵的流量，m^3/s；

ρ——水的密度，kg/m^3。

6. 管路特性曲线

当离心泵安装在特定的管路系统中工作时，实际的工作压头和流量不仅与离心泵本身的性能有关，还与管路特性有关，也就是说，在液体输送过程中，泵和管路二者相互制约。管路特性曲线是指流体流经管路系统的流量与所需压头之间的关系。若将泵的特性曲线与管路特性曲线画在同一坐标图上，两曲线交点即为泵在该管路的工作点。因此，如同通过改变阀门开度来改变管路特性曲线，求出泵的特性曲线一样，可通过改变泵转速来改变泵的特性曲线，从而得出管路特性曲线。泵的压头 H 计算同上。

三、工艺流程、主要设备及控制仪表

（一）工艺流程

流体输送综合实训的工艺流程见图 6-3，本实训的基本要求是能够对照实物熟悉流程，能详述流程。同时，能够识读流体输送综合实训装置的仪表面板图，对照实物熟悉仪表面板的位置，会仪表的调控操作及参数控制。工艺流程图中字母含义见表 6-1。

表 6-1 工艺流程图中符号说明

符号	说明	符号	说明
L	Liquid	I	Indicate
R	Record	C	Control

（二）主要设备技术参数

流体输送中用到的主要设备及技术参数见表 6-2。其中序号 1 喷射泵 P101 是一种流体动力泵，流体动力泵没有机械传动和机械工作构件，它借助另一种工作流体的能量做动力源来输送低能量液体。喷射泵本身是一个特殊设计的管路，自身不能提供动力，需外界提供动力，比如和离心泵联用。喷射式真空泵是利用通过喷嘴的高速射流来抽除容器中的气体以获得真空的设备，又称射流真空泵，用于化工生产中，常以产生真空为目的，用来抽吸易燃易爆的物料时具有良好安全性。

序号 2、3 离心泵型号完全相同，安装位置低于原料罐液位高度，所以使用前不用灌泵。离心泵启动前关闭出口阀门，保护电机。

序号 6 真空机组泵，并没有单个的设备实体与之对应，而是一组泵的统称。在实际操作中，水流过喷射泵时，在喷射泵侧面支管产生真空。而喷射泵本身不能提供流体流动的动力，流体流动的动力来自离心泵，所以称为真空机组泵。

表 6-2　流体输送综合实训装置主要设备技术参数表

序号	位号	名称	规格型号	备注
1	P101	喷射泵	RPP-25-20	
2	P102	离心泵Ⅱ	GZA50-32-160	
3	P103	离心泵Ⅰ	GZA50-32-160	
4	P104	旋涡泵	Y80M1-2	
5	P105	空气压缩机	OTS-550	
6	P106	真空机组泵	GZA50-32-160	虚拟泵
7	V101	高位槽	ϕ360×700	
8	V102	合成器	ϕ300×530	
9	V103	真空缓冲罐	ϕ210×350	
10	V104	压力缓冲罐	ϕ100×310	
11	V105	原料罐	ϕ600×1360	
12	VA145	电动调节阀	0～30m^3/h	
13	F102	文丘里流量计		仿真中无
14	F103	喷嘴/孔板流量计		仿真中无
15	F105	涡轮流量计	LWY-500,50m^3/h	用电动调节阀 VA145 调节流量
16	FI104	转子流量计	100～1000L/h	VA129 调节
17	FI105	转子流量计	100～1000L/h	阀门 VA115 控制
18	PI101	真空缓冲罐真空表	－0.1～0MPa	
19	PI102	泵入口真空表	－0.1～0.1MPa	
20	PI103	压差传感器	0～400kPa	
21	PI104	压力缓冲罐压力表	0～0.6MPa	
22	PI105	泵出口压力表	0～0.6MPa	

序号 7 高位槽，由于受到实验室自身高度限制，个别实验室可能无法真正安装在高位。对应的实训操作“利用高位槽输送流体操作技能训练”，可能无法实现利用重力作用输送流体。

（三）主要阀门名称及作用

在操作中需要经常调节流体输送设备的阀门，需要明白阀门的用途，并结合管路的走向和输送原理，才能正确开关阀门。开车前，检查管路、流体输送综合装置管件、阀门连接是否完好，检查阀门是否灵活好用并处于正确位置，如球阀把手顺行管路为开，垂直管路为关；无论是球阀、闸阀还是电动阀门，都是顺时针方向旋转为关，逆时针方向旋转为开。确认实训装置无跑冒滴漏现象。表 6-3 中所列阀门名称是按照用途命名，而非阀门种类。除了 VA145 是电动阀门（依照流体流量仪表设定值自动调节），其余都是机械阀门，需要手动开关。表中序号 50～66 中的测压阀用来测量流量计或者管路两端压差，使用时必须成对打开或者关闭。在测量其中一对压差时，必须保证其余的测压阀关闭，以免干扰测量结果的准确性。序号 54 平衡阀 VA205 的作用是连通压差传感器两端从而消除压差，这个阀门在不做实验时打开，在实验过程中，尤其是测量压差时一定要保持关闭。

表 6-3　流体输送综合实训装置主要阀门名称表

序号	位号	阀门名称	技术参数	作用备注
1	VA101	控制阀	DN 15	仿真:DN 15 直管
2	VA102	控制阀	DN 25	仿真:DN 25 直管
3	VA103	控制阀	DN 40	仿真:DN 40 直管

续表

序号	位号	阀门名称	技术参数	作用备注
4	VA104	控制阀	DN 50	调节喷嘴或孔板流量计
5	VA105	控制阀	DN 50	文丘里流量计
6	VA106	进水阀	DN 50	高位槽
7	VA107	放空阀	DN 15	高位槽
8	VA108	回流阀	DN 50	
9	VA109	液位排水阀	DN 8	仿真:高位槽
10	VA110	联通阀	DN 25	真空缓冲罐与合成器
11	VA111	溢流阀	DN 50	高位槽液
12	VA112	排水阀	DN 25	真空缓冲罐
13	VA113	回水阀	DN 25	高位槽液
14	VA114	放空阀	DN 25	
15	VA115	调节阀	DN 25	调节转子流量计 FI105
16	VA116	上水阀	DN 25	合成器
17	VA117	调节阀	DN 25	真空缓冲罐
18	VA118	合成器上水阀	DN 25	实训中,同 VA129
19	VA119	液位放空阀	DN 8	合成器
20	VA120	溢流阀	DN 50	合成器
21	VA121	液位排水阀	DN 8	仿真:合成器
22	VA122	回水阀	DN 25	合成器
23	VA123	控制阀	DN 25	真空
24	VA124	控制阀	DN 50	喷射泵
25	VA125	回水阀	DN 50	
26	VA126	回水阀	DN 50	仿真:电磁阀
27	VA127	回水阀	DN 50	
28	VA128	压力表控制阀	DN 15	泵出口
29	VA129	调节阀	DN 25	转子流量计 FI104
30	VA130	双泵并联阀	DN 50	
31	VA131	双泵串联阀	DN 50	
32	VA132	控制阀	DN 15	离心泵 P103 真空表
33	VA133	控制阀	DN 15	离心泵 P102 真空表
34	VA134	循环阀	DN 25	旋涡泵
35	VA135	进水阀	DN 25	旋涡泵
36	VA136	放水阀	DN 15	
37	VA137	进水阀	DN 50	离心泵 P103
38	VA138	进水阀	DN 50	离心泵 P102
39	VA139	放水阀	DN 15	
40	VA140	加水放空阀	DN 15	原料罐
41	VA141	加水阀	DN 15	原料罐
42	VA142	压力调节阀	DN 15	压力缓冲罐
43	VA143	出口阀	DN 15	压缩机
44	VA144	联通阀	DN 15	压力缓冲罐与原料罐
45	VA145	电动调节阀	DN 50	
46	VA146	放空阀	DN 15	原料罐
47	VA147	排水阀	DN 25	
48	VA148	排水阀	DN 25	
49	VA160	真空表总开关阀		泵入口,仅仿真有
50	VA201	测压阀	DN 8	DN15 直管导压管
51	VA202	测压阀	DN8	DN25 直管导压管
52	VA203	测压阀	DN 8	DN40 直管导压管
53	VA204	测压阀	DN 8	喷嘴流量计远端

续表

序号	位号	阀门名称	技术参数	作用备注
54	VA205	平衡阀	DN 8	压差传感器
55	VA206	测压阀	DN 8	喷嘴流量计近端
56	VA207	测压阀	DN 8	喷嘴流量计
57	VA208	测压阀	DN 8	喷嘴流量计
58	VA209	测压阀	DN 8	喷嘴流量计近端
59	VA210	测压阀	DN 8	文丘里流量计
60	VA211	测压阀	DN 8	文丘里流量计
61	VA212	测压阀	DN 8	DN15 直管导压管
62	VA213	测压阀	DN 8	DN25 直管导压管
63	VA214	测压阀	DN 8	DN40 直管导压管
64	VA215	测压阀	DN 8	喷嘴流量计远端
65	VA216	测压阀	DN 8	喷射泵入口侧端
66	VA217	测压阀	DN 8	喷射泵出口侧

其中 VA107 因受实验室高度限制，没有安装阀门，仅有放空功能。

合成器上水阀 VA118 和流量计 FI104（调节阀 VA129），在仿真实验中是两个阀门，而在实训装置中，对应同一个阀门，位置在流量计 FI104 入口端。

旋涡泵循环阀 VA134 的作用是控制调节旋涡泵的出口压力。通常旋涡泵 P104 的出口压力较高，通过部分打开循环阀，可以起到保护旋涡泵和降低管路压力的作用。同理，在流体输送过程中，调节循环泵在一定程度上也可以起到调节流量的作用。该循环阀门若全部打开，则流体全部循环回旋涡泵，没有动力向管路输送流体，所以不建议将循环阀全部打开。

VA140 和 VA141 两个阀门功能相近，都有给原料管加水的功能，也可以用来放空。

VA201 到 VA217 的测压阀门需要一对同时打开使用，例如 VA201 和 VA212 在测压时同时打开。在测压时，其他所有测压阀门均关闭，以免干扰压差传感器读数。其余组合如 VA202 和 VA213、VA204 和 VA215、VA206 和 VA209、VA210 和 VA211 等。

（四）仪表面板及控制参数

仿真和实训操作中，仪表控制箱的面板可能有差异，仿真操作的仪表控制箱面板参考电脑端仿真界面。这里仅给出实训操作对应的控制箱面板示意图，以后章节中同样仅展示实训操作控制箱面板示意图。仪表柜面板设置见图 6-4。

控制仪表面板上的仪表显示内容见表 6-4 中前 11 个控制参数，序号 12～14 的仪表需要在安装位置读数，没有电子显示和控制。当控制仪表面板的【总电源】打开时，面板上的仪表瞬间闪烁显示的数字，就是仪表的型号，如 AI501、AI519，型号不同，表示仪表在显示、调节和控制上，有不同的通道和动能，这里 AI501 主要用于显示；而 AI519 用于显示和控制，采用先进的 AI 人工智能 PID 调节算法，无超调，具备自整定（AT）功能。AI519 仪表有两种输出操作方式，自动与手动方式，这是 AI519 仪表自带功能。

表 6-4 流体输送综合实训装置仪表控制参数表

序号	测量参数	仪表位码	检测元件	显示仪表	表号	执行机构
1	泵Ⅰ功率	JI101	功率变送器	AI501	B1	
2	泵入口真空度	PI102	压力表	就地		对应 VA132
			传感器	AI501	B2	

续表

序号	测量参数	仪表位码	检测元件	显示仪表	表号	执行机构
3	泵出口压力	PI105	压力表	就地		
			传感器	AI501	B3	
4	泵Ⅱ功率	JI102	功率变送器	AI501	B4	
5	流体流量	FIC101	涡轮流量计 F105	AI519	B5	电动调节阀 VA145
6	压差计	PI103	压差传感器	AI501	B6	0～200kPa
7	液体温度	TI101	温度传感器	AI501	B7	
8	合成器液位	LIC102	磁翻板液位计	就地		
			传感器	AI519	B8	变频器 S2
9	高位槽液位	LI101	磁翻板液位计	就地		
			传感器	AI501	B9	
10	离心泵Ⅰ变频	P103			S1	
11	离心泵Ⅱ变频	P102			S2	
12	压力缓冲罐表	PI104	压力表	就地		
13	真空缓冲罐表	PI101	真空表	就地		
14	原料罐液位	LI103	磁翻板液位计	就地		

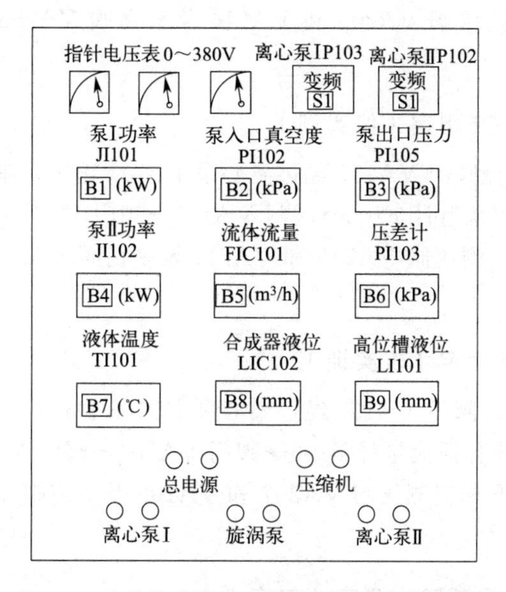

图 6-4　流体输送综合实训装置控制仪表面板图

序号 2 和序号 3 对应的泵出入口压力表，同时适用于离心泵Ⅰ和离心泵Ⅱ。

序号 8 合成器液位除了在仪表控制面板的仪表 LIC102 显示和调节，还可以在电脑总控端显示和控制。有时，若在 PV 窗口呈现闪烁状态，并显示字母【oral】，表示报错警报：说明有不当操作步骤，造成液位传感器左侧管中有过多残留水分。解决办法：打开 VA121 液位计排水阀，或者将左侧管道拆卸，放空残留水分，仪表即可恢复正常液位显示数值。

序号 10/11 变频器被设置为没有开关功能，只能显示离心泵电机转动频率。开关离心泵只能通过图 6-4 所示面板底部的按钮实现。

（五）工艺流程简述

流体输送实训装置由原料罐、合成器、高位槽、真空缓冲罐、压力缓冲罐、离心泵、旋涡泵、压缩机、真空机等及与之连接的管路阀门组成，构成多组独立的训练循环系统，配有流量、液位、压力、温度等测量仪表及计算机远程控制系统 DCS。

1. 直管流体阻力测定（仅仿真）

（1）管径 $DN15$：流体由原料罐 V105 经阀门 VA137 经过离心泵Ⅰ P103 输送，流经电动调节阀 VA145→涡轮流量计 F105→阀门 VA101、阀门 VA108→阀门 VA125 后回到原料罐 V105。同时打开相应测压阀 VA201 和 VA212 及平衡阀 VA205，读取数据时关闭平衡阀 VA205。

（2）管径 $DN25$：流体由原料罐 V105 经阀门 VA137 经过离心泵Ⅰ P103 输送，流经电动调节阀 VA145→涡轮流量计 F105→阀门 VA102→阀门 VA108→阀门 VA125 后回到原料罐 V105。同时打开相应测压阀 VA202 和 VA213 及平衡阀 VA205，读取数据时关闭平衡阀 VA205。

（3）管径 $DN40$：流体由原料罐 V105 经阀门 VA137 经过离心泵Ⅰ P103 输送，流经电动调节阀 VA145→涡轮流量计 F105→阀门 VA103→阀门 VA108→阀门 VA125 后回到原料罐 V105。同时打开相应测压阀 VA203 和 VA214 及平衡阀 VA205，读取数据时关闭平衡阀 VA205。

2. 文丘里流量计 F102 测定（仅实训）

流体由原料罐 V105 经阀门 VA137 经过离心泵Ⅰ P103 输送，流经电动调节阀 VA145→涡轮流量计 F105→文丘里流量计 F102→阀门 VA105→阀门 VA108→阀门 VA125 后回到原料罐 V105。同时打开相应测压阀 VA210 和 VA211 及平衡阀 VA205，读取数据时关闭平衡阀 VA205。

3. 喷嘴流量计 F103 测定（仅实训）

流体由原料罐 V105 经阀门 VA137 经过离心泵Ⅰ P103 输送，流经电动调节阀 VA145→涡轮流量计 F105→喷嘴或孔板流量计 F103→阀门 VA104→阀门 VA108→阀门 VA125 后回到原料罐 V105。同时打开相应测压阀 VA207 和 VA208 及平衡阀 VA205，读取数据时关闭平衡阀 VA205。

4. 喷嘴/孔板流量计局部阻力测定（仅实训）

流体由原料罐 V105 经阀门 VA137 经过离心泵Ⅰ P103 输送，流经电动调节阀 VA145→涡轮流量计 F105→喷嘴/孔板流量计 F103→控制阀门 VA104→阀门 VA108→阀门 VA125 后回到原料罐 V105。同时打开平衡阀 VA205，并分别打开对应的阀门 VA206 和 VA209 测取近端压差，阀门 VA204 和 VA215 测取远端压差，取数据时再关闭平衡阀 VA205。

5. 离心泵单泵性能测定

流体由原料罐 V105 经阀门 VA137，由离心泵Ⅰ P103 输送作用下，通过电动调节阀 VA145→涡轮流量计 F105→阀门 VA127→阀门 VA125 后回到原料罐 V105，开启泵后再分别打开泵入口真空测压阀 VA132、VA160，泵出口测压阀 VA128。

6. 离心泵双泵并联性能测定

流体由原料罐 V105 经阀门 VA137 和阀门 VA138，分别由离心泵Ⅰ P103 和离心泵Ⅱ

P102 输送作用下，流经阀门 VA130→电动调节阀 VA145→涡轮流量计 F105→阀门 VA127→阀门 VA125 后回到原料罐 V105，开启泵后再分别打开泵入口真空测压阀 VA132、阀门 VA133，泵出口测压阀 VA128。

7. 离心泵双泵串联性能测定

流体由原料罐 V105 经阀门 VA138，由离心泵Ⅱ P102 输送作用下，流经阀门 VA131 再由离心泵Ⅰ P103 输送经电动调节阀 VA145→涡轮流量计 F105→阀门 VA127→阀门 VA125 后回到原料罐 V105，开启泵后再分别打开泵入口真空测压阀 VA133，泵出口测压阀 VA128。

8. 旋涡泵向合成器输送流体

流体由原料罐 V105 经阀门 VA135 经过旋涡泵 P104 输送，通过阀 VA134 循环或经阀门 VA129 调流量→转子流量计 F104→VA118 进入合成器，最后经阀门 VA122 回到原料罐。

9. 真空机组向合成器输送流体

真空机组指真空是由离心泵和喷射泵组合产生。液体（水，作用：产生真空）由原料罐 V105 经阀门 VA137 由离心泵 P103 输送，流经电动调节阀 VA145→涡轮流量计 F105→喷射泵 P101→阀门 VA124→阀门 VA108→阀门 VA125 后回到原料罐 V105。同时气体由合成器 V102→阀门 VA110→真空缓冲罐 V103→阀门 VA123→P101，在合成器中产生负压。

流体（为化工原料）由原料罐 V105 经阀门 VA135→阀门 VA134→阀门 VA129→转子流量计 F104→阀门 VA118 进入合成器。

10. 压缩机向合成器输送流体

空气压缩机 P105 产生压力由阀门 VA143 进入压力缓冲罐 V104 中由压力表 PI104 显示，由阀门 VA142 调节压力后经阀门 VA144 进入原料罐 V105 中。

流体由原料罐 V105 经阀门 VA135→阀门 VA134→阀门 VA129→转子流量计 F104→阀门 VA118 进入合成器 V102，再经 VA122 到原料罐。

11. 向高位槽输送流体

流体由原料罐 V105 经阀门 VA137，在离心泵Ⅰ P103 输送作用下，通过电动调节阀 VA145→涡轮流量计 F105→阀门* VA101、102、103、104、105、VA126＋VA108→经阀门 VA106 进入高位槽 V101→阀门 VA113→阀门 VA125 后回到原料罐。

＊此处可以走 6 条管线向高位槽输送液体，任选其中 1 条管线。虚拟仿真实验可以在 VA101、VA102、VA103 中 3 选 1；实训操作可以在 VA104（控制喷嘴/孔板流量计）、阀门 VA105（控制文丘里流量计）、阀门 VA126＋VA108 中 3 选 1。除了 1 条管线（VA126＋VA108）需要开两个阀门，其余管线都只要选择一个阀门打开即可。

12. 由高位槽向合成器输送流体

流体由原料罐 V105 经阀门 VA137，在离心泵Ⅰ P103 输送作用下，通过电动调节阀 VA145→涡轮流量计 F105→阀门：仿真用 VA101（或 VA102、VA103）；实训用 VA104、阀门 VA105（或 VA126＋VA108）→阀门 VA106 进入高位槽→阀门 VA113→阀门 VA115

调流量→转子流量计 F105 或（或者由阀门 VA116 直接）进入合成器 V102→阀门 VA122 回到原料罐 V105 中。

13. 流量自动控制

流体由原料罐 V105 经阀门 VA137，由离心泵Ⅰ P103 输送作用下，通过电动调节阀 VA145→涡轮流量计 F105→阀门 VA127→阀门 VA125 后回到原料罐 V105。由涡轮流量计 F105 计量流量，产生信号传输给流量仪表，流量仪表发出指令调节电动调节阀 VA145 的开度以达到控制流量的目的。

14. 液位自动控制

流体由原料罐 V105 经阀门 VA138，由离心泵Ⅱ P102 输送作用下，通过电动调节阀 VA145→涡轮流量计 F105→阀门 VA127→阀门 VA116→进入合成器 V102→阀门 VA122 回到原料罐 V105 中。合成器 V102 的液位传感器 LIC102 根据液位调整离心泵Ⅱ P102 的频率，以达到液位控制的目的。

四、仿真实训方法及步骤

每个仿真-实训操作都要先打开总电源开关，打开原料罐 V105 的注水阀 VA141，待液位达到 80%以后，关闭阀 VA141，注意不要将原料罐注满。

（一）流体在不同内径直管中流动输送的摩擦系数测量（仅有仿真）

1. 工艺过程（DN15 直管）

（1）打开离心泵Ⅰ P103 的进水阀 VA137 和 *DN*15 直管控制阀 VA101，以及回流阀 VA108 和回水阀 VA125。利用仪表关闭电动调节阀 VA145。

（2）启动离心泵Ⅰ P103，调节电动调节阀 VA145 至 50%（仿真）左右开度（实训全开），打开压差传感器平衡阀 VA205，分别打开 *DN*15 直管测压阀 VA201 和 VA212。

（3）流体形成从原料罐 V105→阀 VA137→离心泵Ⅰ P103→电动调节阀 VA145→涡轮流量计 F105→*DN*15 直管→阀 VA101→阀 VA108→阀 VA125→原料罐 V105 的回路。

2. 工艺过程（DN25 直管）

（1）打开离心泵Ⅰ P103 的进水阀 VA137 和 *DN*25 直管控制阀 VA102，以及回流阀 VA108 和回水阀 VA125。利用仪表关闭电动调节阀 VA145。

（2）启动离心泵Ⅰ P103，调节电动调节阀 VA145 至 50%左右开度，打开压差传感器平衡阀 VA205，分别打开 *DN*25 直管测压阀 VA202 和 VA213。

（3）流体形成从原料罐 V105→阀 VA137→离心泵Ⅰ P103→电动调节阀 VA145→涡轮流量计 F105→*DN*25 直管→阀 VA102→阀 VA108→阀 VA125→原料罐 V105 的回路。

3. 工艺过程（DN40 直管）

（1）打开离心泵Ⅰ P103 的进水阀 VA137 和 DN40 直管控制阀 VA103，以及回流阀 VA108 和回水阀 VA125。

（2）启动离心泵ⅠP103，调节电动调节阀VA145至50%左右开度，打开压差传感器平衡阀VA205，分别打开DN40直管测压阀VA203和阀VA214。

（3）流体形成从原料罐V105→阀VA137→离心泵ⅠP103→电动调节阀VA145→涡轮流量计F105→DN40直管→阀VA103→阀VA108→阀VA125→原料罐V105的回路。

4. 直管摩擦阻力系数测定（DN15、DN25、DN40管径）

（1）通过调节电动调节阀VA145的不同开度，即调节不同流量，待流动稳定后同时读取流量（FIC101）、压差计（PI103）及水温（TI101）的数据。开始记录数据时先关闭压差传感器平衡阀VA205。

（2）调节电动阀，从大流量到小流量依次测取10～15组实验数据。

（3）实验结束后，关闭各阀门，停泵，切断电源。

（二）文丘里流量计F102的流量标定

文丘里流量计管径50mm，喉径20mm。

（1）打开离心泵ⅠP103的进水阀VA137和文丘里流量计控制阀VA105，以及回流阀VA108和回水阀VA125。利用仪表关闭电动调节阀VA145。

（2）启动离心泵ⅠP103，利用仪表控制箱的流体流量仪表调节电动调节阀VA145（开度为16%～65%）55%左右开度，先打开压差传感器平衡阀VA205，再分别打开文丘里流量计测压阀VA210和阀VA211。

（3）流体形成从原料罐V105→阀VA137→离心泵ⅠP103→电动调节阀VA145→涡轮流量计F105→文丘里流量计→阀VA105→阀VA108→阀VA125→原料罐V105的回路。

（4）通过调节电动调节阀VA145的不同开度，即调节不同流量，待流动稳定后同时读取流量（FIC101）、压差计（PI103）及水温（TI101）的数据。开始记录数据时关闭压差传感器平衡阀VA205。

（5）从大流量到小流量依次测取10～15组实验数据，通过调节仪表面板上的流体流量显示仪表，在手动模式下可以改变电动阀开度，从而达到调节流量的作用。其中测压阀门在测量过程中保持打开，而平衡阀VA205一直保持关闭。记录一组流量为0时的数据，作为系统误差校正仪表读数。

（6）实验结束后，关闭各阀门，停泵，打开平衡阀VA205，并切断电源。

（三）喷嘴/孔板流量计F103的流量标定

（1）打开离心泵ⅠP103的进水阀VA137和喷嘴/孔板流量计控制阀VA104，以及回流阀VA108和回水阀VA125。利用仪表关闭电动调节阀VA145。

（2）启动离心泵ⅠP103，调节电动调节阀VA145至50%左右开度（仿真）或者全开（实训）。

（3）流体形成从原料罐V105→阀VA137→离心泵ⅠP103→电动调节阀VA145→涡轮流量计F105→喷嘴/孔板流量计→阀VA104→阀VA108→阀VA125→原料罐V105的回路。

（4）通过调节电动调节阀 VA145 的不同开度，即调节不同流量，待流动稳定后打开压差传感器平衡阀 VA205，同时分别打开喷嘴流量计测压阀 VA207 和阀 VA208。读取流量（FIC101）、压差计（PI103）及水温（TI101）的数据。开始记录数据时先关闭压差传感器平衡阀 VA205。

（5）电动阀调节方法：从大流量到小流量依次测取 10～15 组实验数据。

（6）实验结束后，关闭各阀门，停泵，切断电源。

（四）喷嘴/孔板流量计局部阻力的测定

（1）通过调节电动调节阀 VA145 的不同开度，即调节不同流量，或将涡轮流量计设定到某一数值，待流动稳定后打开压差传感器平衡阀 VA205，同时分别打开喷嘴流量计近端测压阀 VA206 和阀 VA209 测近端压差，然后同时分别打开喷嘴流量计远端测压阀 VA204 和阀 VA215 测远端压差，读取流量（FIC101）、压差计（PI103）的数据。开始记录数据时先关闭压差传感器平衡阀 VA205。

（2）电动阀调节方法：从大流量到小流量依次测取 2～3 组实验数据。

（3）实验结束后，关闭各阀门，停泵，切断电源。

（五）离心泵Ⅰ单泵性能测定

1. 离心泵Ⅰ P103 开车操作

（1）首先将离心泵Ⅰ P103 入口阀门 VA137 全部开启、利用流体流量仪表关闭电动调节阀 VA145（将 SV 值调为 0），关闭回水阀 VA127、阀 VA125，关闭离心泵Ⅰ P103 出、入口压力表控制阀 VA128、阀 VA132，和阀 VA160（仿真），然后启动电机。

（2）当离心泵Ⅰ P103 运转后，全面检查离心泵Ⅰ P103 的工作状况，检查电机和离心泵Ⅰ P103 的旋转方向是否一致。

（3）开启回水阀 VA127、阀 VA125，逐渐开大调节阀 VA145，打开离心泵Ⅰ P103 出、入口压力表控制阀 VA128、阀 VA132 和阀 VA160（仿真）。

（4）检查电机、离心泵Ⅰ P103 是否有杂音、是否异常振动，是否有泄漏。

2. 离心泵Ⅰ P103 的性能测定

通过调节电动调节阀 VA145 的不同开度（10～15 组开度），调节涡轮流量计的流量，待流动稳定后同时读取流量（FIC101）、泵出口处的压强（PI105）、泵入口处的真空度（PI102）、功率（JI101）及水温（TI101）的数据。

3. 离心泵Ⅰ P103 停车操作

（1）利用逐渐关闭电动调节阀 VA145，关闭回水阀 VA127、阀 VA125。

（2）当离心泵Ⅰ P103 后面阀门全部关闭后停电机。

（3）离心泵Ⅰ P103 停止运转后，关闭离心泵Ⅰ P103 入口阀 VA137，切断电源。

（4）离心泵Ⅰ P103 出、入口压力表控制阀 VA128、阀 VA132 和阀 VA160（仿真），可以在离心泵关机前、后关闭均可。

（六）离心泵Ⅰ和离心泵Ⅱ并联操作技能训练

1. 离心泵并联操作过程

（1）打开离心泵ⅠP103的进水阀VA137和离心泵ⅡP102的进水阀VA138，打开双泵并联阀VA130，其余阀门全部关闭。

（2）调节离心泵ⅠP103、离心泵ⅡP102变频器频率为50Hz后（离心泵Ⅰ变频器频率50Hz，离心泵Ⅱ变频器频率由合成器液位LIC102仪表调节，在仪表SV窗显示□xxx时利用仪表上升和下降键调节）启动两台离心泵。

（3）双泵启动后，打开阀VA127和阀VA125，利用仪表气动电动调节阀VA145调节流量。流量稳定后打开离心泵ⅠP102入口真空表控制阀VA132、阀VA160（仿真）和离心泵ⅡP103入口真空表控制阀VA133及泵出口压力表控制阀VA128。

（4）流体形成从原料罐V105→阀VA137/阀VA138→离心泵ⅠP102/（离心泵ⅡP103→阀VA130）→电动调节阀VA145→涡轮流量计F105→阀VA127→阀VA125→原料罐V105的回路。

2. 离心泵并联操作特性曲线测定

（1）通过调节电动调节阀VA145的开度，将涡轮流量计设定到某一数值，待流动稳定后同时读取流量（FIC101）、泵出口处的压强（PI105）、泵入口处的真空度（PI102）、功率（JI101、JI102）及水温（TI101）的数据。

（2）建议从大流量到小流量依次测取10～15组实验数据。由于离心泵并联后可以达到的最大流量并不一定是单泵最大流量的倍数，所以通常先开到最大流量，然后分段降低流量，以获得间隔相对均匀的流量分布。

（3）实验结束后，关闭各阀门，停泵，切断电源。

（七）离心泵Ⅰ和离心泵Ⅱ串联操作技能训练

1. 离心泵串联操作过程

（1）打开离心泵ⅠP102的进水阀VA138，打开双泵串联阀VA131，其余阀门全部关闭。

（2）调节离心泵ⅠP103、离心泵ⅡP102变频器频率为50Hz。

（3）先启动离心泵ⅡP103五秒后，再启动离心泵ⅠP102，打开阀VA125和阀VA127，利用仪表打开电动调节阀VA145调节流量。流量稳定后打开离心泵ⅡP103入口真空表控制阀VA133、阀VA160和泵出口压力表控制阀VA128。

（4）流体形成从原料罐V105→阀VA138→离心泵ⅠP102→双泵串联阀VA131→离心泵ⅡP103→电动调节阀VA145→涡轮流量计F105→阀VA127→阀VA125→原料罐V105的回路。

2. 离心泵串联操作特性曲线测定

（1）通过仪表控制面板，调节电动调节阀VA145的不同开度，从而将涡轮流量计调节到不同流量，待流动稳定后同时读取流量（仿真FIC101；实训F105）、泵出口处的压强（PI105）、泵入口处的真空度（PI102）、功率（JI101、JI102）及水温（TI101）的数据。

（2）建议从大流量到小流量依次测取10～15组开度。由于离心泵串联后可以达到的最大流量并不一定是单泵最大流量的倍数，所以通常先开到最大流量，然后分段降低流量，以获得间隔相对均匀的流量分布。

（3）实验结束后，关闭各阀门，停泵，切断电源。

（八）旋涡泵P104输送流体操作技能训练

（1）打开合成器上水阀VA118、合成器回水阀VA122、旋涡泵P104循环阀VA134、旋涡泵P104进水阀VA135，其余阀门全部关闭。

（2）启动旋涡泵P104后检查电机和泵的旋转方向是否一致，然后逐渐打开流量计FI104调节阀VA129，运转中需要经常检查电机、泵是否有杂音、是否异常振动，是否有泄漏，通过调节旁路回流阀门VA134的方法调节流量。

（3）流体形成从原料罐V105→阀VA135→旋涡泵P104→阀VA129→转子流量计FI104→阀VA118→合成器V102→阀VA122→原料罐V105的回路。

（4）实验结束后，关闭各阀门，停泵，切断电源。

（九）利用真空系统输送流体操作技能训练

（1）首先通过循环水在喷射泵中输送，在合成器中产生真空。打开离心泵ⅠP103前阀VA137，打开喷射泵控制阀VA124，以及回流阀VA108、回水阀门VA125，利用仪表关闭电动调节阀VA145。启动离心泵P103，调节电动调节阀VA145开度至50%（仿真）或全开（实训），循环水由原料罐V105→阀VA137→离心泵ⅠP103→电动调节阀VA145→涡轮流量计F105→喷射泵P101→阀VA124→阀VA108→阀VA125→原料罐V105形成回路。水在离心泵推动下，流动通过喷射泵P101时形成真空，打开阀门VA123到真空缓冲罐V103，由真空表PI101就地显示真空度，利用真空缓冲罐V103调节阀VA117调节真空度维持在0.06MPa，然后打开阀门VA110使合成器V102中产生真空。

（2）其次，利用真空机组将原料罐内液体输送到合成器中并达到指定液位（400mm）。打开阀门VA135、阀门VA134、阀门VA129、阀门VA118使流体输送到合成器V102，调节阀门VA129开度来调节输送流体的流量，由转子流量计F104计量。

（3）最后，当合成器液位达到指定位置时，利用流量仪表关闭电动调节阀VA145，关闭离心泵ⅠP103，关闭阀VA124、阀VA118，打开缓冲罐调节阀VA117放空真空缓冲罐，关闭泵后各阀门，停泵关泵前阀，打开合成器V102回水阀VA122，切断电源，实验结束。

（十）压缩机输送流体岗位操作技能训练

［任务］要求掌握空压机的开停车和缓冲罐压力调节，实现向原料罐输送液体的目的。

（1）正确操作压缩机，将原料罐V105内液体输送到合成器中并达到指定液位（仿真：50%；实训：400mm）

（2）空压机开车前按照操作规程进行检查，确认无误后确认关闭所有阀门，然后打开阀门 VA143、VA144、VA142、VA135、VA134、VA129、VA118（与 VA129 在实训中同一阀门）、VA122。接通电源启动空压机 P105。空压机开始工作后注意观察缓冲罐压力表 PI104 指示值，通过阀门 VA142 调节罐中压力维持在 0.1MPa，调节阀门 VA129 开度来调节输送流体的流量，由转子流量计 FI104 计量。

（3）流体形成从原料罐 V105→阀 VA135→阀 VA134→阀 VA129→转子流量计 FI104→阀 VA118→合成器 V102→阀 VA122→原料罐 V105 的回路。

（4）当合成器液位达到指定位置时，关闭压缩机出口阀门 VA143（压力缓冲罐旁），切断压缩机电源，打开原料罐放空阀 VA146 放出罐内余气。

（5）实验结束后，关闭各阀门，切断电源。

（十一）向高位槽输送流体操作技能训练

[任务] 正确向高位槽输送流体并达到指定液位（仿真 50%）。

（1）打开离心泵Ⅰ P103 进水阀 VA137，打开阀 VA105（或 VA101、VA102、VA103、VA104）、高位槽进水阀 VA106，其余阀门全部关闭。

（2）启动离心泵Ⅰ P103，通过电动调节阀 VA145 调节流量，向高位槽 V101 中注入液体，待高位槽液位接近 50%时，打开阀门 VA113 和阀门 VA125，控制高位槽液位在 50%左右。

（3）流体由原料罐 V105→阀 VA137→离心泵Ⅰ P103→电动调节阀 VA145→涡轮流量计 F105→阀 VA105（或 VA101、VA102、VA103、VA104）→阀 VA106 入高位槽 V101→阀 VA113→阀 VA125→原料罐 V105 形成回路。

（4）实验结束后，关闭各阀门，停泵，切断电源。

（十二）利用高位槽输送流体操作技能训练

[任务] 正确使用高位槽输送流体到合成器中并达到指定液位（仿真 50%；实训 400mm）。

（1）利用流量仪表关闭电动调节阀 VA145，打开离心泵Ⅰ P103 进水阀 VA137，打开阀门（以下管线 6 选 1）：仿真用 VA101（或 VA102、VA103）；实训用 VA104，或 VA105、VA126＋VA108。

（2）然后经阀门 VA106 进入高位槽，溢流阀 VA111 打开，其余阀门全部关闭。

（3）流体由原料罐 V105→阀 VA137→离心泵Ⅰ P103→电动调节阀 VA145→涡轮流量计 F105→阀门 6 选 1→阀 VA106→阀 VA111→原料罐 V105 形成回路。

（4）以上管路的控制阀门准备完毕之后，启动离心泵Ⅰ P103，调节电动调节阀 VA145 调节流量，向高位槽 V101 中注入液体，待高位槽溢流管内有液体流出时调小进入高位槽的流量。

（5）然后打开高位槽回水阀 VA113，调节转子流量计阀门 VA115，流体在重力作用下从高位槽 V101 流向合成器 V102，即将达到指定液位时，半开合成器回水阀 VA122，通过调节阀 VA115 开度调节流量，转子流量计 FI105 记录流量，控制合成器液位保持恒定。

（6）实验结束后，关闭各阀门，停泵，切断电源。

（十三）流体流量自动控制操作技能训练

［任务］正确使用电动调节阀门 VA145 调节流体流量（4～12m^3/h）。

（1）打开离心泵Ⅰ P103（这里不可与离心泵Ⅱ P102 互换，因为自动流量控制的连线不同。）进水阀 VA137，利用流体流量仪表 FIC101 关闭电动调节阀 VA145，打开阀 VA127、VA125，其余阀门全部关闭。

（2）流体由原料罐 V105→阀 VA137→离心泵 IP103→电动调节阀 VA145→涡轮流量计 F105→阀 VA127→阀 VA125→阀 VA122→原料罐 V105 形成回路。

（3）把流量控制仪表 FIC101 调到自动位置并设置好相应的流量，例如，在 SV 窗口设置流量值为 10m^3/h。开启离心泵Ⅰ，流量控制仪表根据实际流量按照控制规律，达到控制流体流量的目的。

（4）实验结束后，关闭各阀门，停泵，切断电源。

（十四）合成器液位自动控制操作技能训练

［任务］应用离心泵Ⅱ P102 电机频率调节将原料罐流体输送到合成器中并保持到指定液位（仿真设为 50%；实训设为 400mm）。

（1）利用流量仪表关闭电动调节阀 VA145，打开离心泵Ⅱ P102（这里不可与离心泵Ⅰ P103 互换，因为自动液位控制的设置不同。）进水阀 VA138，出水阀 VA130，打开阀 VA127、VA116，打开阀门 VA120、VA122（可以根据实际情况，部分打开即可），其余阀门全部关闭。

（2）流体由原料罐 V105→阀 VA138→离心泵ⅡP102→阀 VA130→电动调节阀 VA145→涡轮流量计 F105→阀 VA127→上水阀 VA116→回流阀 VA122→原料罐 V105 形成回路。

（3）将合成器液位 LIC102 控制仪表调成自动状态并设置好相应的液位。启动离心泵Ⅱ P102，利用合成器液位 LIC102 控制仪表根据合成器液位控制自动调节离心泵变频器 S2 的频率，以改变电机转数，实现控制合成器液位的目的。

（4）实验结束后，关闭各阀门，停泵，切断电源。

（十五）两种物料配比输送操作技能训练（仅实训）

［任务］根据工艺要求将两种流体按一定比例输送到合成器中。

（1）一种流体由旋涡泵输送并固定流量为某一定值，另一种流体由离心泵输送，根据工艺要求计算混合比例，再根据混合比例计算出离心泵输送液体的流量，并按照泵送流量进行离心泵操作控制。

（2）首先打开旋涡泵 P104 的进水阀 VA135、旋涡泵循环阀 VA134、阀 VA118、阀 VA122、阀 VA120，其余阀门全部关闭，启动旋涡泵 P104，利用阀 VA129 调节转子流量计 FI104 流量，将流量控制在 0.5m^3/h。

（3）利用流体流量仪表关闭电动调节阀 VA145，然后打开离心泵Ⅰ P103 进水阀 VA137，打开阀 VA127、阀 VA116，其余阀门全部关闭。

（4）将合成器液位 LIC101 的控制仪表调到自动位置，按设定比例计算出另一种流体流量，并在仪表上设置好后。启动离心泵Ⅰ开关，流量控制仪表根据实际流量按照控制规律调节电动调节阀 VA145 开度，达到控制两种流体配比的目的。

五、注意事项

（1）直流数字表操作方法请仔细阅读说明书，待熟悉其性能和使用方法后再使用操作。

（2）启动离心泵之前必须检查流量调节阀是否关闭。

（3）利用压力传感器测量 ΔP 时，应切断关闭平衡阀 VA205，否则将影响测量数值的准确性。

（4）实验过程中，每调节一个流量后，应待流量和其他相关数据稳定后，方可记录数据。

（5）若之前较长时间未做实验，启动离心泵时应先盘轴转动，否则易烧坏电机。

（6）该装置电路采用五线三相制配电，实验设备应良好接地。

（7）水质要清洁，以免影响涡轮流量计运行。

六、流体输送系统常见故障和异常现象的确定和排除训练

通过总控制室计算机或远程遥控可以模拟制造各种故障和异常现象，以此来训练操作过程中分析问题和解决问题的能力。常见故障处理方式见表 6-5。

表 6-5　故障分析表

序号	故障	现象	分析原因	排除原因
1	离心泵Ⅱ停	(1)离心泵并联实训流量降低； (2)离心泵串联实训突然无流量； (3)合成器液位控制实训液位下降	(1)总电源断电； (2)总电源关闭； (3)离心泵Ⅱ P102 变频器出故障	(1)查看设备电源指示是否正常工作； (2)查看设备总电源开关指示是否在开启状态； (3)离心泵变频器是否正常工作
2	开电磁阀	(1)直管阻力实训流量突然增大但压差变小； (2)流量计标定实训流量突然增大但压差变小； (3)真空控制实训真空度下降	检查非实验管路阀门是否误开	将非本训练用管路阀门关闭
3	离心泵Ⅰ停	(1)离心泵特性训练无流量； (2)离心泵管路特性训练无流量； (3)离心泵串、并联训练流量降低； (4)直管阻力训练无流量； (5)流量计训练无流量	(1)总电源断电； (2)总电源关闭； (3)离心泵Ⅰ P103 变频器出故障	(1)查看设备电源指示是否正常工作； (2)查看设备总电源开关指示是否在开启状态； (3)离心泵变频器是否正常工作

续表

序号	故障	现象	分析原因	排除原因
4	停总电源	设备仪表及泵停止工作	(1)总电源断电； (2)总电源关闭	(1)查看设备电源指示是否正常工作； (2)查看设备总电源开关指示是否在开启状态
5	离心泵Ⅰ启	合成器控制训练流量加大		关闭离心泵Ⅰ

七、数据计算举例

1. 流体阻力系数测定

以表 6-6 第一组数据为例计算：流量 $q_v=5.39\text{m}^3/\text{h}$，直管压差 $\Delta p=158.5\text{kPa}$，液体温度 40℃，液体密度 $\rho=991.95\text{kg/m}^3$，液体黏度 $\mu=0.64\text{mPa}\cdot\text{s}$。

$$u=\frac{q_v}{\left(\frac{\pi d^2}{4}\right)}=\frac{5.39}{\left(\frac{\pi\times 0.015^2}{4}\right)}\times\frac{1}{3600}=8.5(\text{m/s})$$

$$Re=\frac{du\rho}{\mu}=\frac{0.015\times 8.5\times 991.95}{0.64\times 10^{-3}}=1.97\times 10^5$$

$$\lambda=\frac{2d}{l\rho}\frac{\Delta P_f}{u^2}=\frac{2\times 0.015}{1.7\times 991.95}\times\frac{158.5\times 10^3}{8.5^2}=0.039$$

2. 离心泵特性曲线与管路特性曲线测定

以表 6-9 第一组数据为例计算：涡轮流量计流量读数 $q_v=23.46\text{m}^3/\text{h}$，泵入口压力 $p_{入}=-8.9\text{kPa}$，出口压力 $p_{出}=162\text{kPa}$，电机功率$=2.54\text{kW}$，液体密度为 1000kg/m^3。

泵进出口管径相同，所以 $u_{入}=u_{出}$。则

$$H_e=(z_{出}-z_{入})+\frac{p_{出}-p_{入}}{\rho g}+\frac{u_{出}^2-u_{入}^2}{2g}=0.5+\frac{(8.9+162)\times 10^3}{1000\times 9.81}=17.92(\text{m})$$

轴功率 P_a=功率表读数×电机效率$=2.54\times 60\%=1.524(\text{kW})$。

其中电机效率 60%为经验值。

$$P_e=\frac{HQ\rho}{102}=\frac{17.92\times(23.46/3600)\times 1000}{102}=1.14(\text{kW})$$

则离心泵的总效率 $\eta=\frac{P_e}{P_a}=\frac{1.14}{1.524}=74.8\%$。

实验中，没有转速的测量和显示，默认为恒定值 2900r/min。

管路特性曲线测定参考离心泵特性曲线测定计算方法。

3. 流量计测定

以表 6-13 文丘里流量计第一组数据为例计算：压差=350.9kPa，涡轮流量计流量 $q_v=$

$19.91m^3/h$。液体密度为 $991.96kg/m^3$，液体黏度为 $0.64mPa \cdot s$。文丘里流量计管径为 50mm，喉径为 20mm。

（1）首先计算雷诺数：

$$A=\frac{\pi}{4}\times 0.05^2=0.00196(m^2)$$

$$q_v=\frac{19.91}{3600}m^3/s=0.00553m^3/s$$

$$u=\frac{q_v}{A}=\frac{0.00553}{0.00196}=2.82(m/s)$$

$$Re=\frac{du\rho}{\mu}=\frac{0.05\times 2.82\times 991.96}{0.64\times 10^{-3}}=2.19\times 10^5$$

（2）计算上述雷诺数下的流量系数 C_0：

由 $q_v=C_0A_0\sqrt{\frac{2\Delta P}{\rho}}$ 可得

$$C_0=\frac{q_v}{A_0\sqrt{\frac{2\Delta p}{\rho}}}=\frac{0.00553}{\frac{\pi}{4}\times 0.02^2\sqrt{\frac{2\times 350.9\times 1000}{991.96}}}=0.66$$

（3）绘制 Re-C_0 图，即流量系数与雷诺数关系图。

（4）将实验测得的 q_v-ΔP 数据绘制成标定标准曲线。

八、参考数据表和曲线图

1. 直管阻力数据（仅仿真）

见表 6-6～表 6-8，图 6-5～图 6-7。

表 6-6　直管阻力实验数据记录表（1）

管径:15mm			管长:1.7m		
序号	流量/(m^3/h)	直管压差/kPa	流速/(m/s)	Re	λ
1	5.39	158.5	8.5	1.97×10^5	0.039
2					
…					

表 6-7　直管阻力实验数据记录表（2）

管径:25mm			管长:1.7m		
序号	流量/(m^3/h)	直管压差/kPa	流速/(m/s)	Re	λ
1	12.77	95.4	5.76	251817	0.124
2					
…					

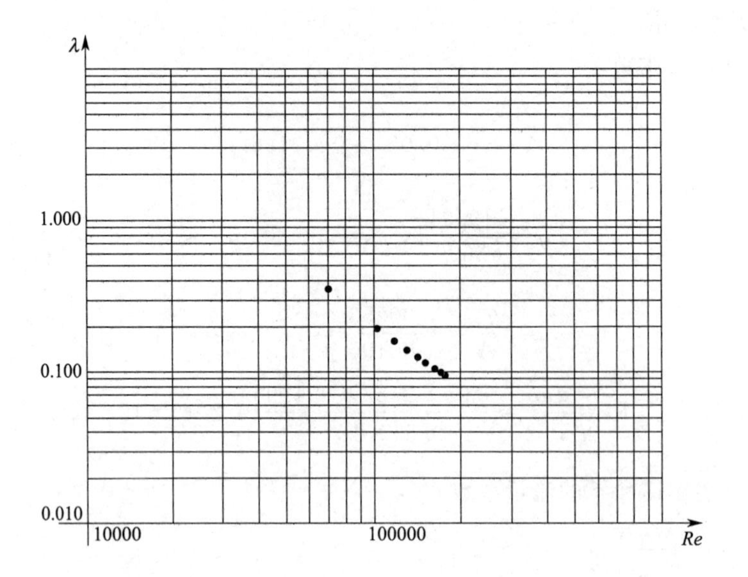

图 6-5　15mm 直管摩擦阻力系数与雷诺数的关系图

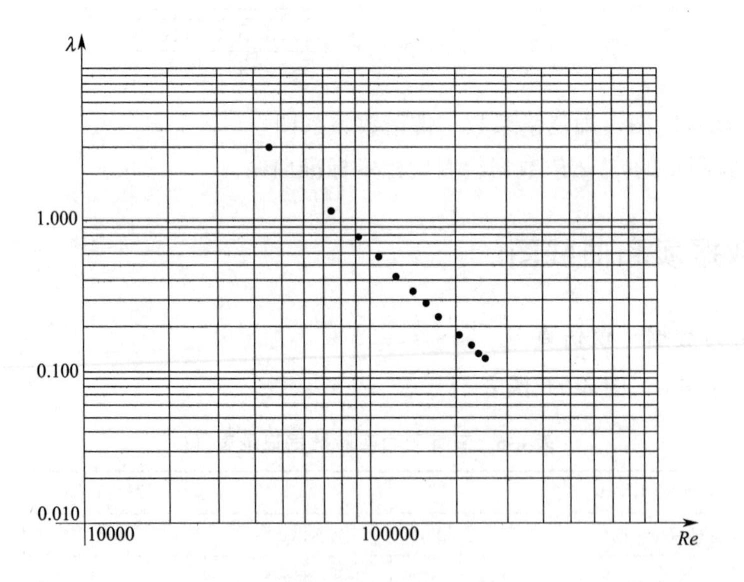

图 6-6　25mm 直管摩擦阻力系数与雷诺数的关系图

表 6-8　直管阻力实验数据记录表（3）

管径:40mm			管长:1.7m		
序号	流量/(m^3/h)	直管压差/kPa	流速/(m/s)	Re	λ
1	21.09	89.4	4.23	271635	0.324
2					
…					

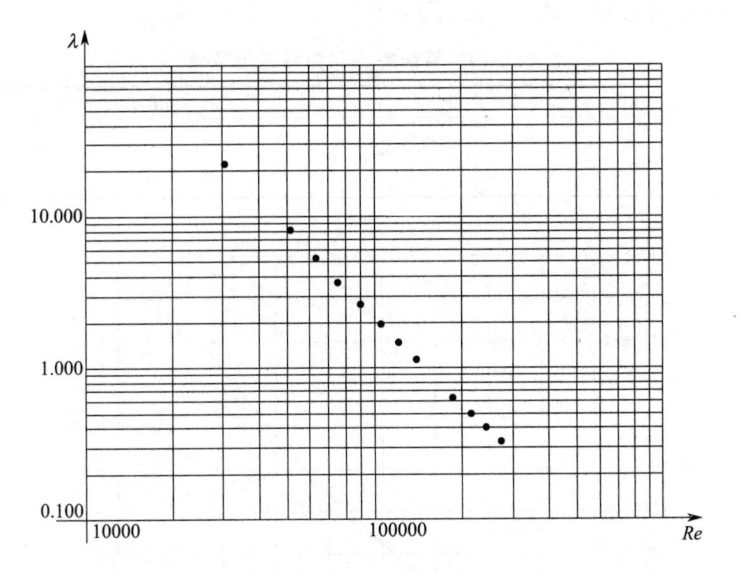

图 6-7　40mm 直管摩擦阻力系数与雷诺数的关系图

2. 离心泵单泵实验数据（表 6-9、图 6-8）

表 6-9　离心泵单泵特性实验数据记录表

序号	入口压力 PI102 /kPa	出口压力 PI105 /kPa	温度 TI101 /℃	电机功率 JI101 /kW	流量q_v FIC101 /(m^3/h)	压头 /m	泵轴功率 /kW	效率 /%
1	−8.9	162		2.54	23.46	17.92	1.524	74.8
2								
…								

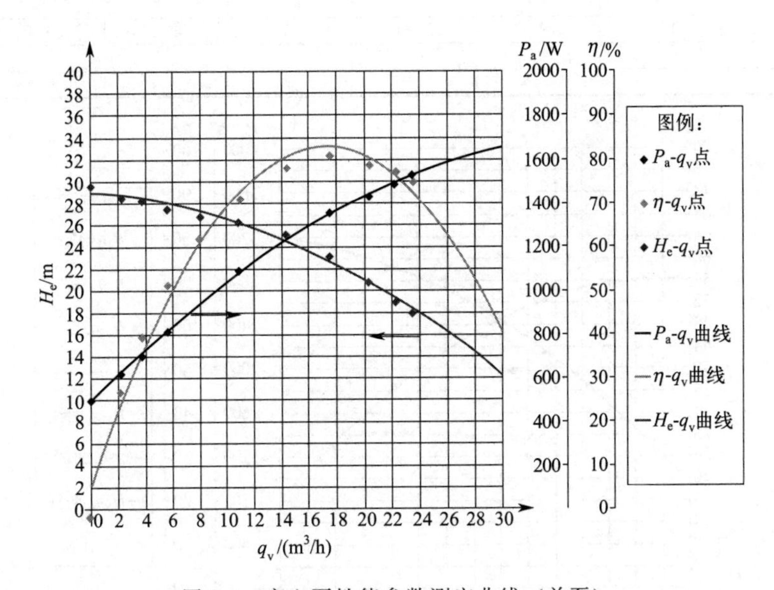

图 6-8　离心泵性能参数测定曲线（单泵）

3. 管路特性实验数据（表 6-10、图 6-9）

表 6-10　管路特性实验数据记录表

序号	入口压力/kPa	出口压力/kPa	温度/℃	流量q_v/(m^3/h)	压头 H/m
1	−9.3	158		22	19.01
2					
…					

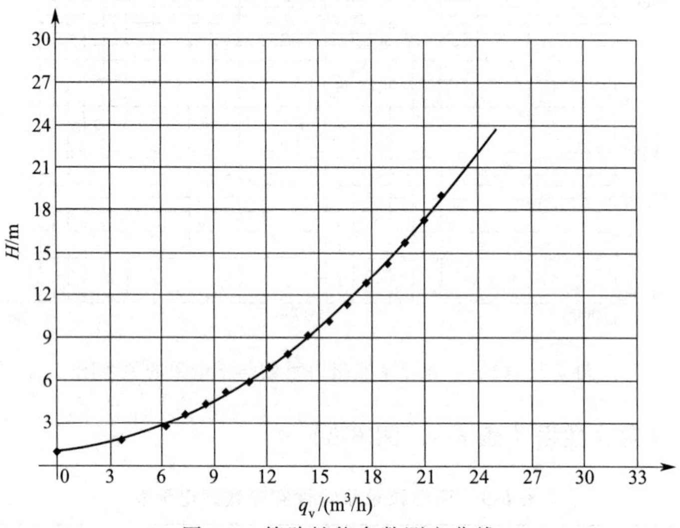

图 6-9　管路性能参数测定曲线

4. 离心泵双泵串联实验数据（表 6-11、图 6-10）

表 6-11　离心泵性能测定实验数据记录表（双泵串联）

序号	入口压力 PI102 /kPa	出口压力 PI105 /kPa	温度 TI101 /℃	电机功率 JI101 /kW	流量q_v FIC101 /(m^3/h)	压头 /m	泵轴功率 /kW	效率 /%
1	−16.2	215		5.21	27	24.28	3126	56.6
2								
…								

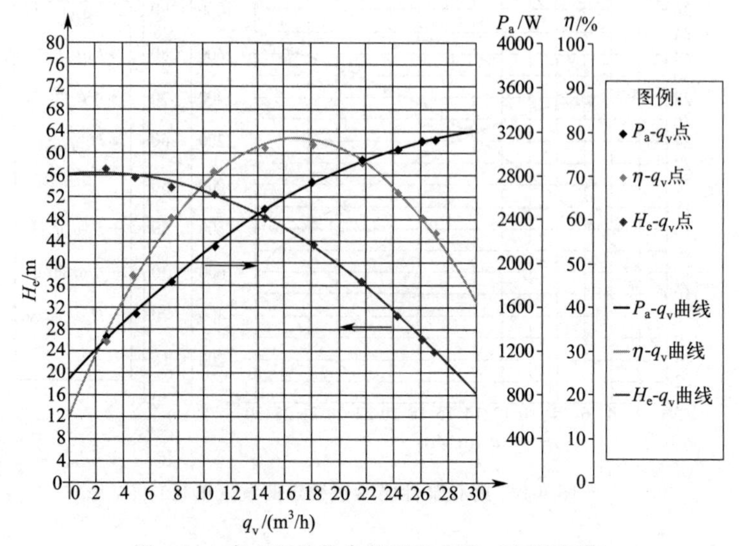

图 6-10　离心泵性能参数测定曲线（双泵串联）

5. 离心泵双泵并联实验数据（表 6-12、图 6-11）

表 6-12　离心泵性能测定实验数据记录表（双泵并联）

序号	入口压力 PI102 /kPa	出口压力 PI105 /kPa	温度 TI101 /℃	电机功率 JI101 /kW	流量q_v FIC101 /(m^3/h)	压头 /m	泵轴功率 /kW	效率 /%
1	−1.4	234		4.02	29.18	24.74	2412	80.7
2								
…								

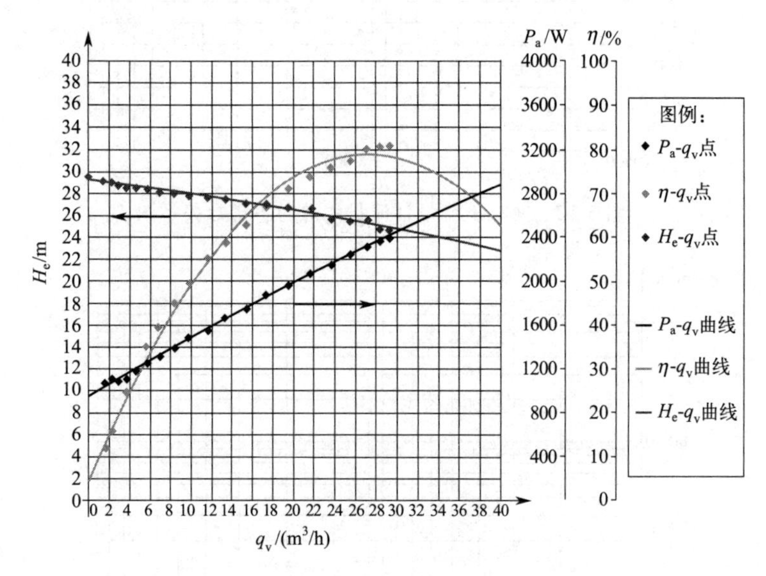

图 6-11　离心泵性能参数测定曲线（双泵并联）

6. 文丘里流量计 F102 实验数据

见表 6-13 和图 6-12、图 6-13。

表 6-13　文丘里流量计标定实验数据记录表

管径:50mm			喉径:20mm			
序号	涡轮流量计 FIC101/(m^3/h)	文丘里流量计 PI103 压差/kPa	流体温度 TI101/℃	流速 /(m/s)	Re	C_0
1	19.91	350.9		2.82	2.19×10^5	0.66
2						
…						

7. 喷嘴/孔板流量计实验数据

见表 6-14 和图 6-14、图 6-15。

表 6-14　喷嘴或孔板流量计标定实验数据记录表

管径:50mm			孔径:20mm		
序号	涡轮流量计 /(m^3/h)	喷嘴或孔板流量计压差 /kPa	流速 /(m/s)	Re	C_0
1	17.48	147.8	3.87	248510	1.24
2					
…					

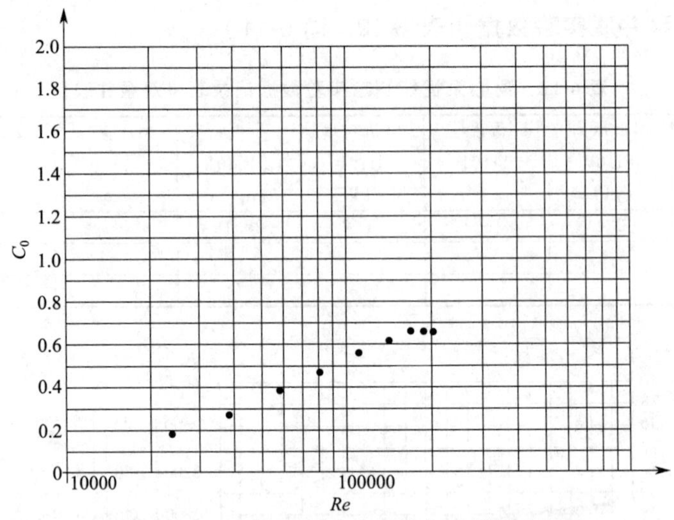

图 6-12 文丘里流量计流量系数与雷诺数关系图

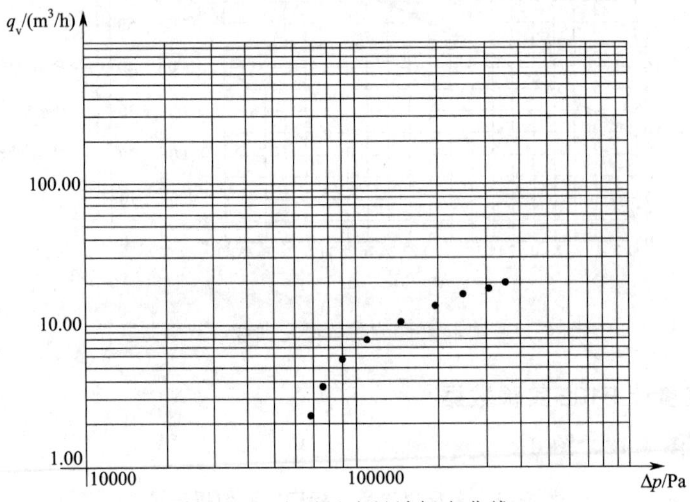

图 6-13 文丘里流量计标定曲线

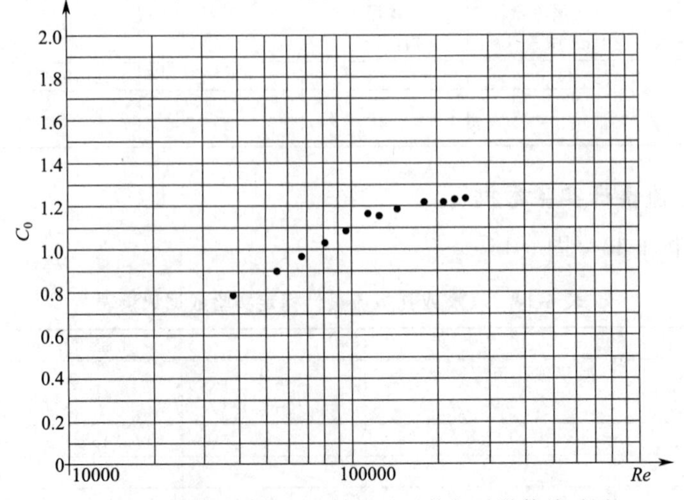

图 6-14 喷嘴或孔板流量计流量系数与雷诺数关系图

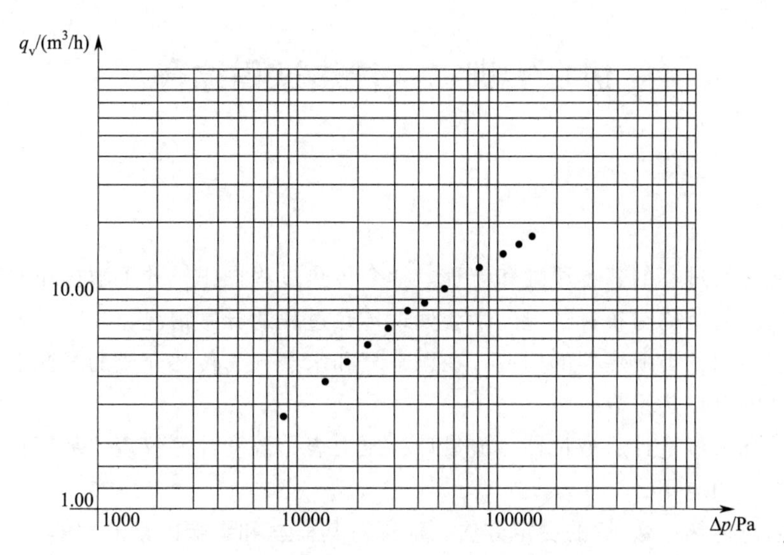

图 6-15　喷嘴或孔板流量计流量标定曲线

仿真实训二　传热过程综合

一、目的

（1）掌握传热过程的基本原理和流程，学会传热过程操作，并了解操作参数对传热的影响，熟悉换热器的结构与布置情况，学会处理传热过程的异常情况。

（2）了解不同种类换热器的构造，在以空气和水蒸气为传热介质的情况下，能够测定不同种类换热器的总传热系数。

（3）熟悉孔板流量计、液位计、流量计、压力表、温度计等仪表。掌握化工仪表和自动化在传热过程中的应用。

（4）掌握总传热系数 K 的测定方法，加深对其概念和影响因素的理解。

（5）选择适宜的空气流量和操作方式，并采取正确的操作方法，控制空气以一定流量通过不同的换热器（套管式换热器、蛇形强化管式换热器、列管式换热器、螺旋板式换热器），使空气温度不低于规定值，以达到实训指标。

（6）培养安全操作、规范、环保、节能意识，以及严格遵守操作规程的职业道德。

二、原理

传热是指由于温度差引起的能量转移，又称热传递。根据热力学第二定律，只要存在温差，热量必然会从高温处传递到低温处。因此，传热是自然界和工程技术领域中极普遍的一种现象。在能源、航天、化工、动力、冶金、机械、建筑等工业部门以及农业、环境保护等领域中，都涉及许多与传热相关的问题。

总传热系数 K 是评价换热器性能的重要参数，也是进行换热器传热计算的依据。对于已有的换热器，可以通过测定有关数据（如设备尺寸、流体的流量和温度等），然后利用传热速率方程式(6-13) 计算 K 值。该方程式是换热器传热计算的基本关系。方程式中，冷、热流体的温度差 ΔT_m 是传热过程的推动力，随着传热过程中冷、热流体温度的变化而改变。

传热速率方程式：

$$Q=KS\Delta T_m$$

热量衡算式：

$$Q=c_p q_m (T_2-T_1)$$

总传热系数：

$$K=c_p q_m (T_2-T_1)/(S\Delta T_m) \tag{6-13}$$

式中　Q——热量，W；

S——传热面积，m^2；

ΔT_m——冷热流体的平均温差，℃；

K——总传热系数，W/(m^2·℃)；

c_p——比热容，J/(kg·℃)；

q_m——空气质量流量，kg/s；

T_2-T_1——空气进出口温差，℃。

三、工艺流程、主要设备及控制仪表

（一）工艺流程

传热过程综合实训工艺流程见图 6-16。要求对照实物熟悉流程，能详述流程。

（二）主要设备技术参数

表 6-15 换热器设备列表

序号	位号	名称	说明	备注
1	E101	套管式换热器Ⅰ	$L\times d$=1.5m×0.05m；S=0.24m^2；oP=0.25kPa	
2	E102	强化套管式换热器	$L\times d$=1.5m×0.05m；S=0.24m^2；oP=0.25kPa	
3	E103	套管式换热器Ⅱ	$L\times d$=1.5m×0.05m；S=0.24m^2；oP=0.25kPa	
4	E104	列管式换热器	$L\times d\times n$=1.5m×0.021m×13；S=1.5m^2；oP=0.25kPa	
5	E105	螺旋板式换热器	S=1m^2	
6	E106	板框式换热器		仿真
7	F101	孔板流量计Ⅰ	ϕ70(法兰直径)-ϕ17(孔径)	
8	F102	孔板流量计Ⅱ	ϕ70(法兰直径)-ϕ17(孔径)	
9	P101	风机Ⅰ(漩涡气泵)	YS-7112,550W	
10	P102	风机Ⅱ	YS-7112,550W	
11	V101	分汽包	ϕ23×46cm； ϕ160～450	仿真 实训
12	R101	蒸汽发生器	LDR12-0.45-Z,立式电加热,功率有 8kW(加热Ⅰ)/4kW(加热Ⅱ)两种；	

换热器设备见表 6-15，其中每种换热器都有不同的结构和适用场景。它们在工业生产和能源系统中扮演着重要的角色，提供了高效的热量传递和能量转换。

（1）套管式换热器 E101 和 E103：该换热器是一种常见且简单的换热设备，通过使用管件将两种尺寸不同的标准管连接成同心的套管结构。这种设计使得换热器可以承受较高的压力，并且具有良好的热传导性能。普通套管式换热器广泛应用于许多领域，如工业加热与冷却系统、化工过程中的热交换等。

（2）强化套管式换热器 E102：通过在套管内部放置一根蛇形强化管，以增加传热效果。蛇形强化管由直径为 6cm 的不锈钢管按一定节距绕成，并插入套管内固定。当流体通过蛇形管时，由于其特殊的结构，流体发生旋转并周期性地受到蛇形管的扰动，从而增强了传热效果。强化套管式换热器被广泛应用于高要求的换热场合，例如化工、电力等行业。

（3）列管式换热器 E104：该换热器采用固定管板式设计，主要包括壳体、管束、管箱、管板、折流挡板、连接管件等组成部分。其中，壳体两端各有一块管板，管束两端固定在管板上。该设计使得换热器具有结构简单、造价低廉的优势。与管板式换热器相同，该换热器也分为管程和壳程两部分。列管式换热器被广泛应用于空调、锅炉、化工等领域。

（4）螺旋板式换热器 E105：该换热器由两张间隔一定距离的平行薄金属板卷制而成。两张薄金属板形成了两个同心的螺旋型通道，两板之间焊有定距柱以保持通道间距，同时，在螺旋板的两侧还焊有盖板。冷热流体分别通过两条通道，在薄板上进行换热。螺旋板式换热器具有结构简单、传热效果好的特点，广泛应用于食品加工、石油化工、制药等行业。

（5）板框式换热器 E106：一种常用的传热设备，主要由许多平行且相互交错的金属板组成。这些金属板之间留有一定间隔，形成了一个通道。通过此通道流动的液体或气体能够进行热量交换，从而达到传热的目的。该设备具有结构紧凑、传热效率高、清洗方便等优点，因此在化工、石化、食品、医药、能源等领域得到广泛应用。该换热器仅在仿真中有。

（6）分汽包 V101：一种用于蒸汽管道系统的配套设备，主要作用是缓冲管道中的压力变化，起到压力缓冲罐的作用。在大型蒸汽管道系统中，蒸汽的压力变化比较大，而分汽包可以通过具有一定弹性的膜片、氮气贮存等机构，使管道内外部压力保持平衡，从而提高了设备的安全稳定性。分汽包还可通过搭载压力控制仪表 PIC104 自动调节蒸汽压力，确保系统中蒸汽的压力处于合理范围之内。

（7）蒸汽发生器 R101：一种用于将水加热为蒸汽的设备。在蒸汽管道系统中，蒸汽发生器扮演着至关重要的角色。为了保证蒸汽发生器的安全性，一系列安全措施被广泛采用。例如，在发生器内部通常会安装一个内置的安全阀，以确保在设备压力超过一定限制时可以安全排放蒸汽。此外，发生器的上方还安装有一个外置的弹簧式安全阀，以进一步提升设备的安全性。这些措施可以避免因蒸汽管道系统中的异常情况而导致的设备故障或事故的发生，保护了设备和人员的安全。

（三）主要阀门名称及作用

表 6-16 中序号 32～35 对应阀门的，作用是排去换热器中冷凝水，降低热阻，在仿真和实训中都没有实际操作。

表 6-16　阀门列表

序号	代码	阀门名称及作用	技术参数	备注
1	VA101	套管式换热器 E101 放空阀	DN15 球阀	
2	VA102	套管式换热器 E101 冷空气进口阀	DN40 球阀	
3	VA103	套管式换热器 E101 热蒸汽进口阀	DN25 球阀	
4	VA104	强化套管式换热器 E102 热蒸汽进口阀	DN25 球阀	
5	VA105	强化套管式换热器 E102 放空阀	DN15 球阀	
6	VA106	强化套管式换热器 E102 冷空气进口阀	DN40 球阀	
7	VA107	套管式换热器 E103 热蒸汽进口阀	DN25 球阀	
8	VA108	列管式换热器 E104 冷空气出口阀	DN40 球阀	
9	VA109	套管式换热器 E101 冷空气出口阀	DN40 球阀	
10	VA110	空气出口阀	DN25 球阀	
11	VA111	套管式换热器 E103 放空阀	DN15 球阀	
12	VA112	套管式换热器 E103 冷空气进口阀	DN40 球阀	
13	VA113	套管式换热器 E103 冷空气出口阀	DN40 球阀	
14	VA114	换热器 E101、E102、E103 放水阀	DN25 球阀	
15	VA115	列管式换热器 E104 放空阀	DN15 球阀	
16	VA116	列管式换热器 E104 热蒸汽入口阀	DN25 球阀	
17	VA117	分汽包 V101 放空阀	DN15 球阀	
18	VA118	列管式换热器 E104 冷空气出入口阀	DN40 球阀	

续表

序号	代码	阀门名称及作用	技术参数	备注
19	VA119	列管式换热器 E104 冷空气出口阀	DN40 球阀	
20	VA120	列管式换热器 E104 冷空气入口阀	DN40 球阀	
21	VA121	列管式换热器 E104 冷空气入口阀	DN40 球阀	
22	VA122	蒸汽发生器 R101 出汽阀	DN25 球阀	
23	VA123	风机 P102 旁路调节阀	DN40 闸阀	
24	VA124	螺旋板式换热器 E105 冷空气进口阀	DN40 球阀	
25	VA125	螺旋板式换热器 E105 热蒸汽入口阀	DN25 球阀	
26	VA126	疏水阀Ⅰ,作用排水	DN25 疏水阀	CS19H-16K
27	VA127	蒸汽发生器 R101 进水阀	DN15 球阀	
28	VA128	蒸汽发生器 R101 排水阀	DN15 球阀	
29	VA129	疏水阀Ⅱ,作用排水	DN25 疏水阀	CS19H-16K
30	VA130	板框式换热器 E106 冷空气入口阀	DN40 球阀	仿真
31	VA131	板框式换热器 E106 热蒸汽入口阀	DN25 球阀	仿真
32	VA132	管板式换热器排液阀		
33	VA133	强化套管式换热器排液阀		
34	VA134	套管式换热器排液阀		
35	VA201	列管式换热器排液阀安全阀		

(四)仪表面板及控制参数

传热过程综合实训仪表面板图见图 6-16，对照实物熟悉仪表面板的位置，学会仪表的调控操作及参数控制。打开设备总电源开关，仪表全亮并且数字无任何闪动表示仪表正常。

传热过程综合实训仪表检控参数见表 6-17。其中序号 1～18 与图 6-17 面板一一对应。

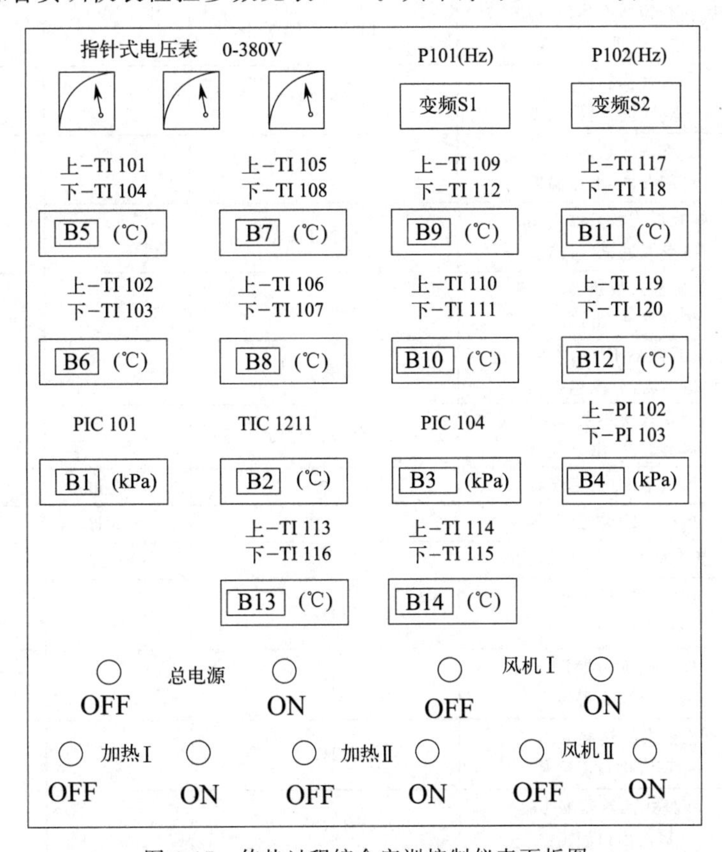

图 6-17 传热过程综合实训控制仪表面板图

B1 和 B7 均对应冷空气进出口温度，是因为列管式换热器设置为可以逆流和并流两种换热方式，所以冷空气进出口的位置要根据逆流或者并流操作来确定。所有测温装置均使用 Pt100 热电阻（−200～400℃），在参数表中就不单独列出。

表 6-17　传热过程综合实训仪表检控参数

序号	表号	测量参数	仪表位号	参数	显示仪表	执行机构
1	B1	孔板流量计Ⅰ F101 压差	PDIC101(PIC101)	压差传感器 0～20kPa	AI-519	变频器Ⅰ
2	B2	列管式换热器 E104 冷空气出口温度	TIC1211		AI-519	变频器Ⅱ
3	B3	分汽包内压力	DSC:PIC102 实训面板＋仿真:PIC104	压力传感器	远传 AI-501	
4	B4	套管式换热器 E101 水蒸气进口压力	PI102	指针压力表 0～600kPa	就地	
5		孔板流量计Ⅱ F102 压差	PI103	压差传感器 0～500kPa		
6	B5	套管式换热器 E101 冷空气进、出口温度	TI101、TI104		AI-702	
7	B6	套管式换热器 E101 热蒸汽进、出口温度	TI102、TI103			
8	B7	强化套管式换热器 E102 冷空气进、出口温度	TI105、TI108			
9	B8	强化套管式换热器 E102 热蒸汽进、出温度	TI106、TI107			
10	B9	套管式换热器 E103 冷空气进、出口温度	TI109、TI112			
11	B10	套管式换热器 E103 热蒸汽进、出口温度	TI110、TI111			
12	B11	螺旋板式换热器 E105 冷空气进、出口温度	TI117、TI118			
13	B12	螺旋板式换热器 E105 热蒸汽进、出口温度	TI119、TI120			
14	B13	列管式换热器 E104 冷空气进、 出口温度，分汽包内温度	TI113、TI116			
15	B14	列管式换热器 E104 热蒸汽进、出口温度	TI114、TI115			
16	S1	风机Ⅰ P101 变频器	P101	0～50Hz		
17	S2	风机Ⅱ P102 变频器	P102	0～50Hz		
18		蒸汽发生器 R101 压力	PI105	指针式		
19		板框式换热器 E106 冷空气进口温度	TI122			仿真
20		板框式换热器 E106 空气出口温度	TI123			仿真
21		板框式换热器 E106 蒸汽进口温度	TI124			仿真
22		板框式换热器 E106 蒸汽出口温度	TI125			仿真

（五）工艺流程简述

1. 普通套管式换热器 E101 流程

（1）冷流体流向：冷空气由风机 P101 产生经过孔板流量计Ⅰ F101 计量，经过阀门 VA102 进入套管式换热器 E101 的管内，在套管内与管外热蒸汽进行热传递后，经阀门 VA109 排出。

（2）热流体流向：自来水经阀门 VA127 进入蒸汽发生器 R101 内，经过加热产生蒸汽，经过阀门 VA122 进入分汽包 V101，由 PIC104 控制一定压力经过阀门 VA103 进入套管式换热器 E101 的壳程，与管内冷空气进行热传递，通过疏水阀 VA126 排出。

2. 强化套管式换热器 E102 流程

（1）冷流体流向：冷空气由风机 P101 产生经过孔板流量计Ⅰ F101 计量，经过阀门 VA106 进入强化套管式换热器 E102 的管内，在套管内与管外热蒸汽进行热传递后排出。

（2）热流体流向：自来水经阀门 VA127 进入蒸汽发生器 R101 内，经过加热产生蒸汽，经过阀门 VA122 进入分汽包 V101，由 PIC104 控制一定压力经过阀门 VA104 进入强化套管式换热器 E102 的壳程，与管内的冷空气进行热传递，通过疏水阀 VA126 排出。

3. 列管式换热器 E104 逆流流程

（1）冷流体流向：冷空气由风机 P102 产生经过孔板流量计Ⅱ F102 计量，经过阀门 VA120、VA118 进入列管式换热器 E104 的管内，在套管内与管外热蒸汽进行热传递后经阀门 VA108 排出。

（2）热流体流向：自来水经阀门 VA127 进入蒸汽发生器 R101 内经过加热产生蒸汽，经过阀门 VA122 进入分汽包 V101，由 PIC104 控制一定压力经过阀门 VA116 进入列管式换热器 E104 的壳程与管内的冷空气进行热传递，通过疏水阀 VA126 排出。

4. 列管式换热器 E104 并流流程

（1）冷流体流向：冷空气由风机 P102 产生经过孔板流量计Ⅱ F102 计量，经过阀门 VA121 进入列管式换热器 E104 的管内，在套管内与管外热蒸汽进行热传递后经 VA118、VA119 排出。

（2）热流体流向：自来水经阀门 VA127 进入蒸汽发生器 R101 内经过加热产生蒸汽，经过阀门 VA122 进入分汽包 V101，由 PIC104 控制一定压力经过阀门 VA116 进入列管式换热器 E104 的壳程与管内的冷空气进行热传递，通过疏水阀 VA126 排出。

5. 螺旋板式换热器 E105 流程

（1）冷流体流向：冷空气由风机 P102 产生经过孔板流量计Ⅱ F102 计量，经过阀门 VA124 进入螺旋板式换热器 E105，与板外热蒸汽进行热传递后排出。

（2）热流体流向：自来水经阀门 VA127 进入蒸汽发生器 R101 内经过加热产生蒸汽，经过阀门 VA122 进入分汽包 V101，由 PIC104 控制一定压力经过阀门 VA125 进入螺旋板式换热器 E105 内与板外冷空气进行热传递，通过疏水阀 VA129 排出。

6. 套管式换热器 E101 与 E103 串联流程

（1）冷流体流向：冷空气由风机 P101 产生经过孔板流量计Ⅰ F101 计量，经过阀门

VA102 进入套管式换热器 E101、E103 的管内，在套管内与管外热蒸汽进行热传递后经阀门 VA113 排出。

（2）热流体流向：自来水经阀门 VA127 进入蒸汽发生器 R101 内经过加热产生蒸汽，经过阀门 VA122 进入分汽包 V101，由 PIC104 控制一定压力经过阀门 VA103、VA107 分别进入套管式换热器 E101、E103 的壳程与管内的冷空气进行热传递，通过疏水阀 VA126 排出。

7. 套管式换热器 E101 与 E103 并联流程

（1）冷流体流向：冷空气由风机 P101 产生经过孔板流量计 I F101 计量，经过阀门 VA102、VA112 分别进入套管式换热器 E101、管板式换热器 E103 的管内，在套管内与管外热蒸汽进行热传递后经阀门 VA109 排出。

（2）热流体流向：自来水经阀门 VA127 进入蒸汽发生器 R101 内经过加热产生蒸汽，经过阀门 VA122 进入分汽包 V101，由 PIC104 控制一定压力经过阀门 VA103、VA107 分别进入套管式换热器 E101、板式换热器 E103 的壳程与管内的冷空气进行热传递，通过疏水阀 VA126 排出。

四、单元项目训练操作规程

1. 仿真软件数据处理方法特殊说明

以下多个仿真培训项目中都涉及数据查询和两次数据处理，具体方法见图 6-18，第四步输入数据的具体方法为：双击对应变量的下方空白处（如 G：空气入口温度下密度），双击后会出现输入数据的光标，输入数据后按回车键，如图 6-19 所示。

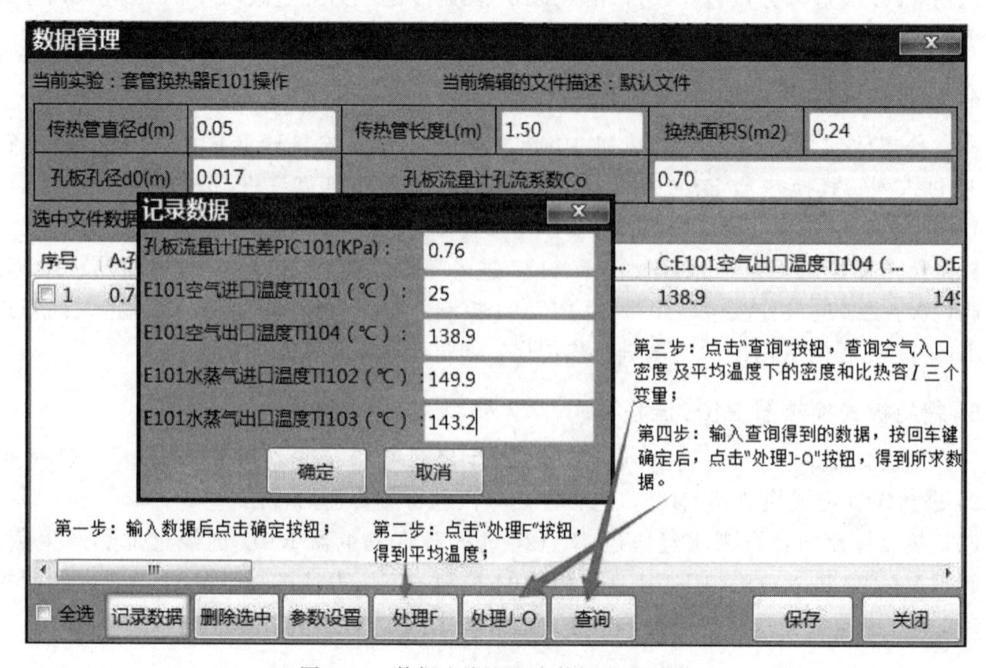

图 6-18　数据查询和两次数据处理说明

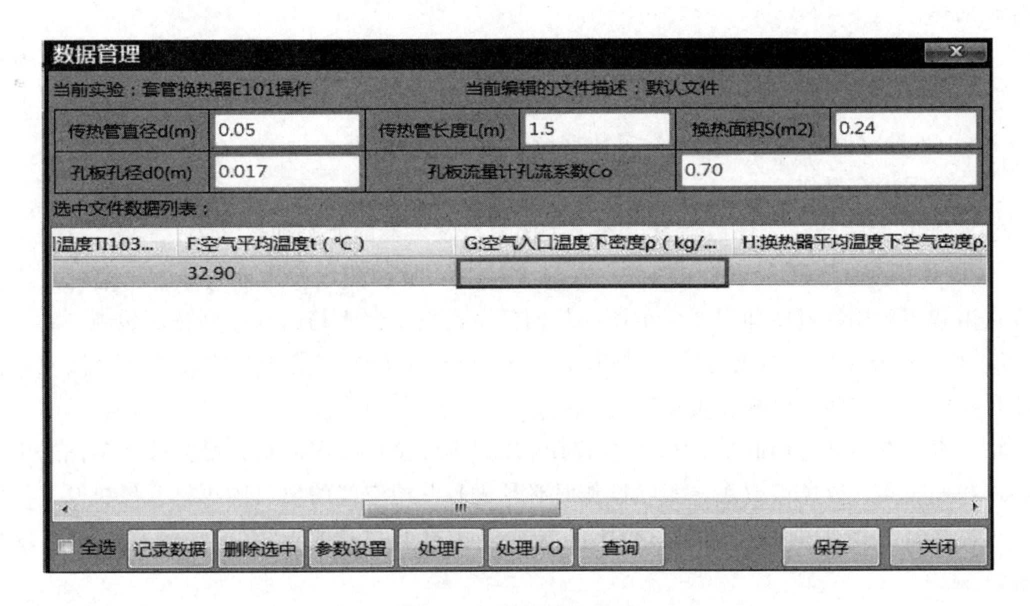

图 6-19　数据输入说明

2. 开车前的动、静设备检查训练

打开任意一种换热器的空气进出口阀门，启动相应的旋涡气泵，如果出口有风冒出则说明气泵运转正常。打开水的总阀开关和进蒸汽发生器水阀 VA127 开关，打开蒸汽发生器电源开关（蒸汽发生器面板上）后，检查蒸汽发生器侧面液位计中液体的位置，如果液位计液面较低，会听见水泵进水的声音。打开蒸汽发生器出气阀门 VA122、强化管换热器热蒸汽进口阀 VA104，打开蒸汽发生器加热开关，过一段时间后发现 VA126 疏水阀下方有蒸汽冒出，这说明蒸汽发生器可以正常工作（如果蒸汽发生器液面过低，也没有听见水泵进水的声音，有可能是进水泵发生气蚀，请打开蒸汽发生器侧门，打开水泵的放空螺栓放掉水泵的气体直到有水冒出）。

3. 正常开停车训练（套管式换热器 E101）

（1）设备检查正常后，以套管式换热器 E101（或者任意一种换热器）为例，先练习开车操作。

① 打开换热器 E101 蒸汽进口阀 VA103；

② 打开蒸汽发生器 R101 的出气阀门 VA122 和进水阀 VA127，关闭分汽包 V101 的放空阀 VA117；

③ 打开总电源开关（控制面板上）；

④ 分汽包压力控制表 PIC104 设置为自动；从电脑端设置分汽包压力 PIC104（压差设定方法同上）为 10～100kPa（最好为 50～100kPa）；

⑤ 打开蒸汽发生器电源开关（仿真：打开仪表控制面板上的加热开关按钮，再结合蒸发器上的电源和功率操作。实训：直接在蒸汽发生器面板上操作）；

⑥ 打开蒸汽发生器所有加热开关，刚开始加热时，为了快速产生蒸汽，可以将加热Ⅰ（8kW）、加热Ⅱ（4kW）同时打开，共 12kW，可以从总控制面板上的开关或者电脑 DSC

端打开加热；

⑦ 待管路蒸汽出口的疏水阀下方有蒸汽冒出，打开风机 P101 出口阀 VA102、VA109；

⑧ 启动风机Ⅰ开关（控制面板上按 RUN/STOP 按钮），等数据稳定后记录数据，改变压差 PIC101 设定值改变空气流量，等数据稳定后再记录数据。

(2) 练习停车操作

① 数据记录完毕，先停蒸汽发生器，关闭蒸汽发生器的所有加热开关；

② 打开蒸汽发生器上分压包的放空阀门 VA117，放掉蒸汽发生器内压力（避免蒸汽管路残存饱和蒸汽压经过冷却后产生负压，从而把蒸汽发生器水箱内水抽到分压包内。）；

③ 等蒸汽发生器内的压力降到零以后，停止风机Ⅰ开关，关闭阀门，关闭蒸汽发生器电源开关，最后关闭总电源开关。

注：由于本实训使用的是 0.05～0.1MPa 压力下的蒸汽，因此禁止触摸涉及蒸汽进出口的管路和换热器，以免被烫伤。实际操作时必须先打开冷空气的出口阀再打开风机开关，以免风机被烧坏。本实训的电压为 380V 高压，禁止打开仪表柜后备箱和触摸风机，以免触电。

4. 旋涡气泵 P101 操作技能训练

(1) 旋涡泵开车步骤

① 打开设备总电源后，打开旋涡气泵 P101 的出口阀 VA102、VA109；

② 打开旋涡气泵 P101 的开关（按控制面板上按 RUN/STOP 按钮）。

(2) 旋涡泵停车步骤

① 关闭旋涡气泵 P101 的开关；

② 关闭泵的出口阀 VA102、VA109，最后关闭总电源开关。

5. 套管式换热器 E101 操作技能训练

(1) 依次打开阀门 VA102、VA109、VA127、VA122、VA103。

(2) 打开总电源开关。

(3) 分汽包压力控制表 PIC104 设置为自动；从电脑端设置分汽包压力 PIC104（压差设定方法同上）为 10～100kPa（最好为 50～100kPa）。

(4) 打开蒸汽发生器电源开关、打开蒸汽发生器所有加热开关（包括蒸汽发生器面板上和控制面板上的开关，加热Ⅰ、加热Ⅱ同时开是 12kW）。

(5) 待疏水阀 VA126 下方有蒸汽冒出，即可打开风机 P101 开关（控制面板上按 RUN/STOP 按钮）。

(6) 慢慢旋开阀门 VA101 放出一点蒸汽（注：见到蒸汽即可，小心烫伤），然后关闭。

(7) 改变风机的压差调节管路空气流量，可以采用两种方式调节流量：一种是通过电脑程序调节，另一种是在仪表控制面板上调节。在仪表控制面板/电脑程序界面上设置仪表 PDIC101 的压差（压差设定方法同上，一般压差从小到大调节，压差是通过压差传感器 PDIC101 测量的，通过改变风机的频率来控制风机的流量）。

(8) 等稳定 6～7min 以后记录 TI101、TI102、TI103、TI104 和 PDIC101 的读数，然后改变风机的压差，稳定后分别记录数据（表 6-18）。

表 6-18 套管式换热器 E101 数据记录表

装置编号	1	2	3	4	5	6	7	8
PDIC101/kPa	0.8							
TI101/℃	20							
TI104/℃	59.2							
TI102/℃	111.8							
TI103/℃	111.8							

6. 强化套管式换热器 E102 操作技能训练

（1）依次打开阀门 VA106、VA127、VA122、VA104；

（2）打开总电源开关；

（3）分汽包压力控制表 PIC104 设置为自动，从电脑端设置分汽包压力 PIC104（压差设定方法同上）为 10～100kPa（最好为 50～100kPa）；

（4）打开蒸汽发生器电源开关、打开蒸汽发生器所有加热开关（包括蒸汽发生器面板上和控制面板上的开关，加热Ⅰ、加热Ⅱ同时开是 12kW）；

（5）待疏水阀 VA126 下方有蒸汽冒出，打开风机 P101 开关（控制面板上按 RUN/STOP 按钮）；

（6）慢慢旋开阀门 VA105 放出一点蒸汽（注：仿真中，为直接开关；实训操作中，需慢慢打开，见到蒸汽即可，小心被烫伤），然后关闭；

（7）改变风机的压差调节管路空气流量，在控制面板/电脑程序上设置仪表 PIC101 的压差（压差设定方法：先将仪表设置为自动，然后调节向上向下键设定所需压差，一般压差从小到大调节，压差传感器 PIC101 测量，通过改变风机的频率来控制风机的流量），等稳定 6～7min 以后记录 TI105、TI106、TI107、TI108 和 PDIC101 的读数，然后改变风机的压差，稳定后记录数据至表 6-19。

表 6-19 强化套管式换热器 E102 数据记录表

装置编号	1	2	3	4	5	6	7
PDIC101/kPa							
TI105/℃							
TI108/℃							
TI106/℃							
TI107/℃							

7. 列管式换热器 E104 逆流操作技能训练习

（1）打开阀门 VA123（仿真全开，OP＝100％；实训可部分开）；

（2）打开阀门 VA118、VA120、VA108、VA127、VA122、VA116；

（3）打开总电源开关；

（4）分汽包压力控制表 PIC104 设置为自动，从电脑端设置分汽包压力 PIC104（压差设定方法同上）为 10～100kPa（最好是 50～100kPa）；

（5）打开蒸汽发生器电源开关、打开蒸汽发生器所有加热开关（包括蒸汽发生器面板上和控制面板上的开关，加热Ⅰ、加热Ⅱ同时开是 12kW）；

（6）待疏水阀 VA126 下方有蒸汽冒出，打开风机 P102 开关（按控制面板上按 RUN/STOP 按钮）；

（7）慢慢旋开阀门 VA115，放出一点蒸汽（注：见到蒸汽即可，小心烫伤），然后关闭；

（8）改变阀门 VA123 的开度调节压差，等稳定 6～7min 以后记录 PDI102、TI113、TI114、TI115 和 TIC1211 的读数；

（9）然后通过改变阀门 VA123 的开度改变风机的压差，稳定后记录数据至表 6-20。

表 6-20　列管式换热器逆流数据记录表

装置编号	1	2	3	4	5	6	7	8
PDI102/kPa								
TI113/℃								
TIC1211/℃								
TI114/℃								
TI115/℃								

8. 列管式换热器 E104 并流操作技能训练

（1）打开阀门 VA127、VA122、VA118、VA119、VA121、VA123（仿真全部打开 OP＝100%）、VA116；

（2）接通总电源；

（3）分汽包压力控制表 PIC104 设置为自动，从电脑端设置分汽包压力 PIC104（压差设定方法同上）为 10～100kPa（最好是 50～100kPa）；

（4）接通蒸汽发生器电源、打开蒸汽发生器所有加热开关；

（5）待疏水阀下方有蒸汽冒出，开风机 P102（按控制面板上按 RUN/STOP 按钮）；

（6）慢慢打开阀门 VA115（见到蒸汽即可，小心烫伤），然后关闭此阀；

（7）改变阀门 VA123 的开度调节压差，等稳定 6～7min 以后记录 TI113、PDI102、TI114、TI115 和 TIC1211 的读数；

（8）然后改变阀门 VA123 的开度改变风机的压差，稳定后记录数据至表 6-21。

表 6-21　列管式换热器并流数据记录表

装置编号	1	2	3	4	5	6	7
PDI102/kPa							
TIC1211/℃							
TI113/℃							
TI114/℃							
TI115/℃							

9. 螺旋板式换热器 E105 操作技能训练

（1）全开阀门 VA123（仿真全开 OP＝100%），打开阀门 VA127、VA122、VA125、VA124、VA127；

（2）接通总电源；

（3）分汽包压力控制表 PIC104 设置为自动，从电脑端设置分汽包压力 PIC104（压差设定方法同上）为 10～100kPa（最好是 50～100kPa）；

（4）接通蒸汽发生器电源、打开蒸汽发生器所有加热开关；

（5）待疏水阀下方有蒸汽冒出，开风机 P102；

（6）调节阀门 VA123 开度调节压差，稳定 6～7min 后记录 PDI102、TI117、TI118、

TI119、TI120 的读数；

（7）然后调节阀门 VA123 开度改变压差，稳定后记录数据至表 6-22。

表 6-22　螺旋板式换热器数据记录表

装置编号	1	2	3	4	5	6	7
PDI102/kPa							
TI117/℃							
TI118/℃							
TI119/℃							
TI120/℃							

10. 套管式换热器 E101 和 E103 串联操作技能训练

（1）打开阀门 VA127、VA122、VA103、VA107、VA113、VA102；

（2）打开总电源开关；

（3）分汽包压力控制表 PIC104 设置为自动，从电脑端设置分汽包压力 PIC104（压差设定方法同上）为 10～100kPa（最好是 50～100kPa）；

（4）打开蒸汽发生器电源开关、打开蒸汽发生器所有加热开关；

（5）待疏水阀 VA126 下方有蒸汽冒出，打开风机 P101 开关；

（6）慢慢打开阀门 VA101、VA111（放出一点蒸汽，小心烫伤），然后关闭；

（7）调节管路压差 PDIC101（PDIC101 设为自动，按向上向下键设定压差），等稳定 6～7min，待数据稳定后记录 TI101、TI102、TI103、TI104、TI109、TI110、TI111、TI112 和 PDIC101 的读数；

（8）通过设置 PDIC101 的值改变风机压差，稳定后记录数据至表 6-23。

表 6-23　套管换热串联数据记录表

装置编号	1	2	3	4	5	6	7	8
PDIC101/kPa	0.79							
TI101/℃	25							
TI104/℃	92.3							
TI102/℃	154.4							
TI103/℃	123.8							
TI109/℃	122.3							
TI110/℃	154.4							
TI111/℃	140.7							
TI112/℃	92.3							

11. 套管式换热器 E101 和 E103 并联操作技能训练

（1）检查所有阀门是否关闭；

（2）打开阀门 VA127、VA122、VA107、VA103、VA102、VA112、VA109；

（3）打开总电源开关；

（4）分汽包压力控制表 PIC104 设置为自动，从电脑端设置分汽包压力 PIC104（压差设定方法同上）为 10～100kPa（最好是 50～100kPa）；

（5）打开蒸汽发生器电源开关、打开蒸汽发生器所有加热开关；

（6）待疏水阀 VA126 下方有蒸汽冒出，打开风机 P101 开关；

（7）慢慢打开阀门 VA101、VA111（见到蒸汽即可，小心烫伤）然后关闭；

（8）调节管路压差 PIC101（具体方法同上），等稳定 6～7min 以后记录 TI101、TI102、TI103、TI104、TI109、TI110、TI111、TI112 和 PDIC101 的读数；

（9）通过设置 PDIC101 的值改变风机压差，稳定后记录数据至表 6-24。

表 6-24　套管换热器并联数据记录表

装置编号	1	2	3	4	5	6	7	8
PDIC101/kPa	0.80							
TI101/℃	25							
TI104/℃	118							
TI102/℃	154.4							
TI103/℃	133.4							
TI109/℃	25							
TI112/℃	118							
TI110/℃	154.4							
TI111/℃	133.5							

12. 板框式换热器 E106 操作技能训练（无实训）

（1）全开阀门 VA123（OP＝100%），打开阀门 VA127、VA122、VA130、VA131；

（2）接通总电源；

（3）分汽包压力控制表 PIC104 设置为自动，从电脑端设置分汽包压力 PIC104（压差设定方法同上）为 10～100kPa（最好是 50～100kPa）；

（4）接通蒸汽发生器电源、打开蒸汽发生器所有加热开关；

（5）待疏水阀下方有蒸汽冒出，开风机 P102；

（6）调节阀门 VA123 开度调节压差，稳定 6～7min 后记录 PDI102、TI122、TI123、TI124、TI125 的读数；

（7）然后调节阀门 VA123 开度改变压差，稳定后记录数据至表 6-25。

表 6-25　板框式换热器数据记录表

装置编号	1	2	3	4	5	6	7
PDI102/kPa							
TI122/℃							
TI123/℃							
TI124/℃							
TI125/℃							

五、传热过程综合实训异常现象排除

1. 实训注意事项

（1）开始加热前要打开进水阀 VA127 使蒸汽发生器 R101 的水箱充满水，避免干烧。如果蒸汽发生器 R101 进水泵一直处于开启状态（汽蚀），要打开进水泵的放气阀放掉气体，使其自动停止。结束后要先关加热开关再打开放空阀 VA117，卸掉管路压力。

（2）旋涡气泵要正确开停车，即必须保持一通路，避免气泵被烧坏。

（3）通过放空阀排放换热器不凝气时，要缓慢打开阀门，见到蒸汽冒出即可，避免被烫伤。

（4）本实训设备的热流体蒸汽带有一定压力，所走管路均为红色保温带包裹（仿真中热物流管道未用保温层包裹，方便看清管路），不要用手触摸红色区域，避免烫伤，最好戴防护手套操作蒸汽管路。

（5）结束后要关水关电。

2. 操作中异常现象分析

若操作过程中发生异常现象，按照表 6-26 所示步骤分析原因，并处理故障。

表 6-26　异常现象、产生原因及处理思路

序号	异常现象	产生原因分析	处理思路
1	管路压差逐渐变小、 换热器冷空气入口温度变大	泵、管路堵塞 温度计损坏	检查管路、泵、温度计
2	疏水阀无蒸汽喷出 或分汽包内压力降低	蒸汽发生器不加热、 仪表控制参数有改动	检查仪表、 蒸汽发生器
3	空气流量变大	泵出问题、流量控制仪表参数改动	检查泵和仪表
4	设备突然停止，仪表柜断电	停电或设备漏电	检查仪表柜电路

六、技能考核要求

任务要求：空气以一定流量通过不同的换热器（套管式换热器、强化套管式换热器、列管式换热器、螺旋板式换热器）后温度不低于规定值，考生应选择适宜的空气流量和操作方式，并采取正确的操作方法，完成实训指标。现以管板式换热器 E103 为例，进行考核，其他考核操作方法类似。

技能考核：空气流量为 $50m^3/h$，PIC101 压差为 3.63kPa 时，要求管板式换热器空气出口温度达到 95℃。

分析：空气流量为 $50m^3/h$，由于换热器内温度变化，传热管内的体积流量需用式(6-14)进行校正。由于压差是由孔板流量计测量，所以由式(6-15) 可以换算得 $\Delta p=3.63kPa$，即 PDIC101 压差为 3.63kPa。

$$q_{v,m}=q_{v,1}\times\frac{273+t_m}{273+t_1} \tag{6-14}$$

$$q_{v,1}=C_o\times A_o\times\sqrt{\frac{2\Delta p}{\rho_{t1}}}\times3600 \tag{6-15}$$

式中　C_o——孔板流量计孔流系数，$C_o=0.7$；

A_o——孔的面积，m^2，对应孔板孔径 $d_o=0.017m$；

Δp——孔板两端压差，Pa；

ρ_{t1}——空气入口温度（即流量计处温度）下密度，kg/m^3；

$q_{v,m}$——传热管内平均温度 t_m 对应的体积流量，m^3/h；

$q_{v,1}$——温度 t_1 对应的体积流量，m^3/h；

t_m——传热管内平均温度,℃；

t_1——空气入口温度,℃。

提示：单独使用换热器 E103 时，空气出口温度如果达不到 95℃，可以考虑和换热器 E101 串联使用。

七、数据计算和结果

传热速率方程式： $$Q=KS\,\Delta T_m \tag{6-16}$$

根据热量衡算式； $$Q=c_{p1}q_{m1}(T_2-T_1)=c_{p2}q_{m2}(t_2-t_1) \tag{6-17}$$

换热器的换热面积： $$S_i=\pi d_i L_i \tag{6-18}$$

式中 d_i——传热管内径，m；

L_i——传热管测量段的实际长度，m；

c_{p1}——热流体的比热容，J/(kg・℃)；

q_{m1}——热流体的质量流量，kg/h；

c_{p2}——冷流体的比热容，J/(kg・℃)；

q_{m2}——冷流体的质量流量，kg/h；

T_1，T_2——热流体进出口温度，℃；

t_1，t_2——冷流体进出口温度，℃。

$$q_{m1}=\frac{q_{v,tm}\rho_{tm}}{3600} \tag{6-19}$$

式中，ρ_{tm} 为温度 t_m 下流体的密度。

（一）单个换热器的 K 值计算

以套管式换热器 E101 操作中记录的一列数据（依据表 6-18）计算举例：

PDIC101 压差 $\Delta p=0.8$kPa，TI101 空气进口温度 $t_1=20$℃；TI104 空气出口温度 $t_2=59.2$℃，TI102 蒸汽进口温度 $T_1=111.8$℃，TI103 蒸汽出口温度 $T_2=111.8$℃。

换热器内换热面积：$S_i=\pi d_i L_i$，其中 $d=0.05$m，$L=1.5$m，则

$$S=\pi\times0.05\times1.5=0.24(\text{m}^2)$$

$C_o=0.7$，$d_o=0.017$m，查表得密度 $\rho_{t1}=1.20\text{kg/m}^3$，则体积流量为：

$$q_{v,t_1}=0.7\times\pi\times\frac{0.017^2}{4}\times\sqrt{\frac{2\times0.8\times1000}{1.2}}\times3600=20.9(\text{m}^3/\text{h})$$

校正后得：

$$q_{v,tm}=q_{v,t_1}\times\frac{273+t_m}{273+t_1}$$

$$=20.9\times\frac{273+\frac{20+59.2}{2}}{273+20}=22.30(\text{m}^3/\text{h})$$

根据 $t_m=\frac{t_1+t_2}{2}$，查表得密度 $\rho=1.13\text{kg/m}^3$，

所以 $$q_{m2}=\frac{q_{v,tm}\rho_{tm}}{3600}=1.13\times\frac{22.30}{3600}=0.0070(\text{kg/s})$$

查表得干空气比热容 $c_p=1005$J/(kg・℃)，代入热量衡算式(6-17)，得

$$Q=c_{p_2}q_{m2}(t_2-t_1)=1005\times0.0070\times(59.2-20)=275.77(\text{W})$$

热流体温度 111.8℃→111.8℃，

冷流体温度 59.2℃→20℃，则

$$\Delta t_1=111.8℃-59.2℃=52.6℃$$

$$\Delta t_2=111.8℃-20℃=91.8℃$$

$$\Delta t_m=\frac{\Delta t_2-\Delta t_1}{\ln(\Delta t_2/\Delta t_1)}=\frac{91.8-52.6}{\ln(91.8/52.6)}=70.39(℃)$$

由传热速率方程式(6-16) 可得：总传热系数

$$K=\frac{Q}{S\Delta T_m}=\frac{275.77\text{W}}{0.24\text{m}^2\times70.39℃}=16.32\text{W}/(\text{m}^2\cdot℃)$$

（二） E101 和 E103 串联数据处理

以 E101 和 E103 串联操作技能训练记录的一组数据（依据表 6-23）为例计算：压差 PIC101 为 0.79kPa；

E101 空气进口温度 TI101 为 25℃；　E103 空气进口温度 TI112 为 92.3℃；
E101 空气出口温度 TI104 为 92.3℃；　E103 空气出口温度 TI109 为 122.3℃；
E101 蒸汽进口温度 TI102 为 154.4℃；　E103 蒸汽进口温度 TI110 为 154.4℃；
E101 蒸汽出口温度 TI103 为 123.8℃；　E103 蒸汽出口温度 TI111 为 140.7℃。

$C_o=0.7$，$d_o=0.017\text{m}$，查表得 25℃下空气密度为 1.185kg/m^3，则体积流量为：

$$q_{v,1}=0.7\times\pi\times\frac{0.017^2}{4}\times\sqrt{\frac{2\times0.79\times1000}{1.185}}\times3600=20.89(\text{m}^3/\text{h})$$

总平均温度：$t_m=\frac{\text{TI101}+\text{TI109}}{2}=\frac{25℃+122.3℃}{2}=73.65℃$，则校正后体积流量为：

$$q_{v,tm}=20.89\times\frac{273+73.65}{273+25}=24.30(\text{m}^3/\text{h})$$

查表得平均温度下空气密度 $\rho_{tm}=1.018\text{kg/m}^3$，则空气质量流量

$$q_{m2}=\frac{q_{v,tm}\rho_{tm}}{3600}=24.30\times\frac{1.018}{3600}=0.0069(\text{kg/s})$$

1. 换热量的计算

E101 空气平均温度：$t_m=\frac{\text{TI101}+\text{TI104}}{2}=\frac{25℃+92.3℃}{2}=58.65(℃)$，

E103 空气平均温度：$t_m=\frac{\text{TI112}+\text{TI109}}{2}=\frac{92.3℃+122.3℃}{2}=107.30(℃)$，

查表得 E101 平均温度下，干空气的比热容 $c_p=1005\text{J}/(\text{kg}\cdot\text{K})$，
查表得 E103 平均温度下，干空气的比热容 $c_p=1009\text{J}/(\text{kg}\cdot\text{K})$，则 E101 的换热量为

$$Q_{101}=1005\times0.0069\times(92.3-25.0)=466.69(\text{W})$$

E103 的换热量：

$$Q_{103}=1009\times0.0069\times(122.3-92.3)=208.86(\text{W})$$

2. 传热系数的计算：换热器 E101（逆流）

蒸汽进口温度 TI102 为 $T_1=154.4℃$，蒸汽出口温度 TI103 为 $T_2=123.8℃$；
空气出口温度 TI104 为 $t_2=92.3℃$，空气进口温度 TI101 为 $t_1=25℃$。则

$$\Delta t_2=T_2-t_1=123.8℃-25℃=98.8℃$$

$$\Delta t_1=T_1-t_2=154.4℃-92.3℃=62.1℃$$

$$\Delta t_m=\frac{\Delta t_2-\Delta t_1}{\ln(\Delta t_2/\Delta t_1)}=\frac{98.8℃-62.1℃}{\ln(98.8℃/62.1℃)}=79.03℃$$

则传热系数为：

$$K=\frac{466.69\text{W}}{0.24\text{m}^2\times 79.03℃}=24.6\text{W}/(\text{m}^2\cdot ℃)$$

（三） E101 和 E103 并联数据处理

以 E101 和 E103 并联操作技能训练记录的一组数据（依据表 6-24）为例计算：压差 PIC101 为 0.80kPa；

E101 空气进口温度 TI101 为 $t_1^1=25℃$；　E103 空气进口温度 TI109 为 $t_1^2=25℃$；

E101 空气出口温度 TI104 为 $t_2^1=118℃$；　E103 空气出口温度 TI112 为 $t_2^2=118℃$；

E101 蒸汽进口温度 TI102 为 $T_1^1=154.4℃$；E103 蒸汽进口温度 TI110 为 $T_1^2=154.4℃$；

E101 蒸汽出口温度 TI103 为 $T_2^1=133.4℃$；　E103 蒸汽出口温度 TI111 为 $T_2^2=133.5℃$。

E101、E103 并联换热面积：$S=2\times 0.24\text{m}^2=0.48\text{m}^2$。

$C_o=0.7$，$d_o=0.017\text{m}$，查表得 25℃下空气密度为 1.185kg/m^3，则通过 E101 和 E103 的体积流量为

$$q_{v,t1}=0.7\times\pi\times\frac{0.017^2}{4}\times\sqrt{\frac{2\times 0.80\times 1000}{1.185}}\times 3600=21.02(\text{m}^3/\text{h})$$

E101、E103 并联空气平均温度：

$$t_m=\frac{t_1+t_2}{2}=\frac{\frac{t_1^1+t_1^2}{2}+\frac{t_2^1+t_2^2}{2}}{2}=\frac{\frac{25+25}{2}+\frac{118+118}{2}}{2}=71.5(℃)$$

则空气校正体积流量为

$$q_{v,tm}=21.02\times(273+71.5)/(273+25.0)=24.30(\text{m}^3/\text{h})$$

查表得平均温度下空气密度 $\rho_{tm}=1.025\text{kg/m}^3$，比热容 $c_p=1009\text{J}/(\text{kg}\cdot\text{K})$，则空气质量流量为：

$$q_{m2}=24.30\times\frac{1.025}{3600}=0.0069(\text{kg/s})$$

1. 换热量的计算

空气出口平均温度：$t_{2m}=\frac{\text{TI104}+\text{TI112}}{2}=\frac{118℃+118℃}{2}=118℃$。

空气入口平均温度：$t_{1m}=\frac{\text{TI101}+\text{TI109}}{2}=\frac{25℃+25℃}{2}=25℃$。

查表得平均温度下，干空气的比热容 $c_p=1009\text{J}/(\text{kg}\cdot\text{K})$，则换热量为：

$$Q=1009\times 0.0069\times(118-25.0)=647.48(\text{W})$$

2. 传热系数的计算：换热器 E101（逆流）

热流体 E101 蒸汽温度：进口 TI102 为 $T_1^1=154.4℃$，出口 TI103 为 $T_2^1=133.4℃$；

热流体 E103 蒸汽温度：进口 TI110 为 $T_1^2=154.4℃$，出口 TI111 为 $T_2^2=133.5℃$；

冷流体 E101 空气温度：出口 TI104 为 $t_2^1=118℃$，进口 TI101 为 $t_1^1=25℃$；

冷流体 E103 空气温度：出口 TI112 为 $t_2^2=118℃$，进口 TI109 为 $t_1^2=25℃$。则

$$\Delta t_2=\frac{T_2^1+T_2^2}{2}-\frac{t_1^1+t_1^2}{2}=\frac{133.4+133.5}{2}-\frac{25+25}{2}=108.45(℃)$$

$$\Delta t_1=\frac{T_1^1+T_1^2}{2}-\frac{t_2^1+t_2^2}{2}=\frac{154.4+154.4}{2}-\frac{118+118}{2}=36.4(℃)$$

$$\Delta t_m=\frac{\Delta t_2-\Delta t_1}{\ln(\Delta t_2/\Delta t_1)}=\frac{108.45-36.4}{\ln(108.45/36.4)}=65.70(℃)$$

由传热速率方程式计算传热系数：

$$K=\frac{647.48}{0.48\times 65.70}=20.53(W/m^2\cdot ℃)$$

仿真实训三　筛板塔精馏操作

一、目的

（1）认识精馏装置各设备结构特征和性能参数。

（2）掌握精馏原理及精馏工艺流程。

（3）掌握精馏装置的开、停车操作技能。

（4）根据工艺要求进行精馏生产装置的间歇或连续操作，完成性能测定。

（5）根据精馏实训的结果通过数据处理计算理论板数与塔板效率。

二、原理

1. 精馏基本原理

精馏分离是根据溶液中各组分挥发度（或沸点）的差异，使各组分得以分离，其中沸点低的称为易挥发组分或轻组分，沸点高的称为难挥发组分或重组分。通过气、液两相的直接接触，使易挥发组分由液相向气相传递，难挥发组分由气相向液相传递，实现轻组分和重组分在气、液两相之间的传递过程。

塔板的形式有多种，最简单的一种是板上有许多小孔（称筛板塔），每层板上都装有降液管，来自下一层（$n+1$ 层）的蒸气通过板上小孔上升，而上一层（$n-1$ 层）来的液体通过降液管流到第 n 层板上，在第 n 层板上气液两相密切接触，进行热量和质量传递。进出第 n 层板的物流有四种：

① 由第 $n-1$ 层板溢流下来的液体量为 L_{n-1}，组成为 x_{n-1}，温度为 t_{n-1}；

② 由第 n 层板上升的蒸汽量为 V_n，组成为 y_n，温度为 t_n；

③ 从第 n 层板溢流下去的液体量为 L_n，组成为 x_n，温度为 t_n；

④ 由第 $n+1$ 层板上升的蒸汽量为 V_{n+1}，组成为 y_{n+1}，温度为 t_{n+1}。

当组成为 x_{n-1} 的液体及组成为 y_{n+1} 的蒸气同时进入第 n 层板时，还存在温度差和浓度差，因此气液两相在第 n 层板上密切接触进行传质和传热，使第 n 板的气液两相向平衡方向移动，若气液两相在板上接触时间较长，接触比较充分，那么离开该板的气液两相相互平衡，通常称这种板为理论板。精馏塔中每层板上都进行着上述过程，逐渐提高上升蒸气中易挥发组分浓度，同时增大下降液体中难挥发组分浓度，只要塔板数足够多，就可使混合物达到所要求的分离纯度（共沸情况除外）。

加料板把精馏塔分为两段：加料板以上即塔上半部分，完成了上升蒸气的精制，即除去难挥发组分，称为精馏段；加料板以下（包括加料板）即塔的下半部分，完成下降液体中难挥发组分的提浓，降低了易挥发组分浓度，称为提馏段。一个完整的精馏塔应包括精馏段和提馏段。

精馏操作设计气、液两相间的传热和传质过程。塔板上两相间的传热速率和传质速率不仅取决于物系的性质和操作条件，而且还与塔板结构有关，因此它们很难用简单方程加以描述。引入理论板概念，可使问题简化。

所谓理论板，是指气、液两相都充分混合，且传热和传质过程阻力为零的理想化塔板。因此不论进入理论板的气、液两相组成如何，离开该板时气、液两相都达到平衡状态，即两相温度相等，组成相平衡。

实际上，由于板上气、液两相接触面积和接触时间是有限的，因此在任何形式的塔板上，气、液两相都难以达到平衡状态，即理论板是不存在的。理论板仅用作衡量实际板分离效率的依据和标准。通常，在精馏计算中，先求得理论板数，然后利用塔板效率予以修正。

对于二元物系，如已知其气液平衡数据，则可根据精馏塔的原料液组成、进料热状况、操作回流比及塔顶馏出液组成、塔底釜液组成，由图解法或逐板计算法求出该塔的理论板数 N_T。总板效率 E_T 的计算参照实验六（筛板塔精馏实验）。

2. 工艺流程简介

筛板塔精馏实训工艺流程见图 6-20。连续精馏流程中，原料液经预热器加热到指定温度后，进入精馏塔的进料板，在进料板上与来自塔上部的回流液体汇合后，逐板溢流，最后流入塔底再沸器。回流液体在每层板上与上升蒸气互相接触，进行热质传递。操作时，从再沸器连续取出部分液体作为塔底产品（釜残液）；部分再沸器液体汽化，产生上升蒸气，依次经过各层塔板，蒸气进入塔顶后，进入冷凝器中被全部冷凝，其中一部分冷凝液用泵送回塔顶作为回流液体，其余冷凝液作为塔顶产品（溜出液）取出。

本次实训的原料液为乙醇-水（15%～20%）混合液，分离后塔顶馏出液为高纯度乙醇，塔釜残液主要是水和少量乙醇。原料液从原料罐 V104，通过进料泵 P104，经大转子流量计 F101 或 F102 控制流量后，从精馏塔 T101 第 14 块塔板（共 14 层板）进料，塔顶蒸汽经冷凝器 E101 冷凝后，冷凝液进入回流罐 V101；回流罐 V101 的液体一部分由回流泵 P101 作为回流液，被送回精馏塔 T101 的塔顶层塔板即第 1 块板，另一部分则为产品，其流量由变频器 SIC103 控制。精馏塔 T101 的操作压力由塔顶压力控制系统 PIC101 控制在常压。

三、设备、仪表及工艺指标

1. 主要设备

仿真操作中筛板塔内装 14 块水平塔板，对应的实训设备受到实验室高度限制，只有 12 层塔板。塔板上均布许多圆形小孔，形状如筛，同时装有溢流管。操作时，液体由塔顶进入，经溢流管逐板下降，并在板上积存液层。蒸气由塔底进入，经筛孔上升穿过液层，鼓泡而出，因而两相可以充分接触，并相互作用。筛板塔结构简单、造价低；气流压降小、板上液面落差小；板效率高。

塔顶冷凝器使用列管式冷却器，换热管采用紫铜管轧制出的散热翅片，整体换热面积大、体积小、重量轻，适用于冷却黏度低或者较清洁的流体。

再沸器使液体再一次升温气化，使精馏塔底液相的重组分气化，气相向上流动，与从回流罐回流的轻组分液相在塔板上进行多次部分气化和部分冷凝，从而使混合物达到高纯度的分离。在实训操作中，实训设备受实训实验室高度限制，有时会将再沸器集成到塔釜中作为一个整体。

精馏塔可以进行减压精馏操作，所以配有真空泵 P103，真空缓冲罐 V102 等设备及相关附件。

表 6-27 中同一设备可能会有不同名称，如 P102 塔顶产品采出泵，也称为塔顶出料泵；V103 塔顶出料罐也是塔顶产品储罐；V104 塔釜出料罐又称为塔釜产品储罐。所有转子流量计均为手控，非自动控制。仿真中有独立的塔釜再沸器 E103；而在实训中，受实验室高度条件的限制，再沸器和塔釜合并为一体。

表 6-27 主要设备

序号	位号	名称	备注
1	T101	筛板精馏塔	ϕ100×4500 筛板塔,共 14 层塔板
2	E101	塔顶冷凝器	ϕ159×1400,管壳式换热器, 管程为冷却水 22 根 DN12 翅片管
3	E102	进料预热器	ϕ57×500,不锈钢材质; 电加热:220V,功率 2.5kW(实训)
4	E103	再沸器(仿真) 塔釜(实训)	ϕ400×600,不锈钢材质;220V 塔釜电加热:功率 9kW(实训)
5	E104	塔釜冷却器	ϕ108×400
6	F101	原料液玻璃转子流量计	VA10-15F;0.1～40L/h,进料流量 1
7	F102	原料液玻璃转子流量计	LZB-15;0.5～400L/h,进料流量 2
8	F103	玻璃转子流量计	VA10-15F;0.1～63L/h,回流流量
9	F104	塔顶产品采出转子流量计	VA10-15F;0.1～63L/h
10	F105	塔顶冷凝水进口流量计	LZB-25;10～1000L/h
11	P101	塔顶回流泵	WB50/025,变频控制
12	P102	塔顶产品采出泵	WB50/025,变频控制
13	P103	真空泵	XZ-2,变频控制
14	P104	原料液进料泵	WB50/025,380V;50kW;Q:200～800L/h
15	V101	冷凝液回流罐	ϕ150×300,钢化玻璃
16	V102	真空缓冲罐	ϕ159×400,不锈钢
17	V103	塔顶出料罐	ϕ200×450,不锈钢材质
18	V104	原料液储罐	ϕ800×1500,不锈钢材质(玻璃液位计)
19	V105	塔釜产品储罐	ϕ500×500,不锈钢材质
20	V106	各层塔板取样罐Ⅰ	ϕ76×200,不锈钢
21	V107	塔顶出料 V103 取样罐Ⅱ	ϕ76×200,不锈钢
22	V108	回流罐 V101 取样罐Ⅲ	ϕ76×200,不锈钢
23	V109	塔釜取样罐Ⅳ	ϕ76×200,不锈钢

V106 取样罐仅仿真中有，用来在每一层塔板取样，而实训装置中没有配备。在实训操作中，不能在每块塔板取样，只能在塔顶或者塔釜取样。

2. 主要阀门

表 6-28 列出了精馏操作中的主要阀门，由于实训操作中阀门数量较多，所以仅根据仿真操作需要而列出。VA101 作为进料泵 P104 的进料阀，也是原料液储罐的出料阀门。

VA103 原料液储罐回流阀的作用之一，是在精馏部分回流（相对于全回流）操作下，将进料泵 P104 输出的液体部分回流回原料液罐，因为进料泵的流量通常很大，而做部分回流精馏实验时，出口阀门开度很小，会出现长时间憋泵现象。这种情况类似于离心泵在出口阀门完全关闭情况下长时间工作，电动机输出的所有功都转换为热能。此时，泵室的温度将急剧上升，水容易汽化，产生汽蚀现象，严重时泵体的叶轮将会产生变形，从而会导致泵的密封损坏，轴连接故障等，并最终损坏泵。所以为了避免精馏部分回流操作中小流量可能对泵造成的损坏，可设置一条小的回流管道，将一部分原料液回流到原料罐 V104，以确保离心泵启动后始终有一定的流量流过泵体。

表 6-28　主要阀门

序号	位号	阀门名称及作用	技术参数
1	FV103	冷却水流量调节阀	闸阀
2	VA101	进料泵 P104 进料阀	即原料罐的出料阀
3	VA102	原料液取样阀	DN15 宝塔阀门,铜
4	VA103	原料液储罐 V104 回流阀	DN15 不锈钢球阀
5	VA104	流量计 F101 控制前阀	
6	VA105	流量计 F102 调节前阀	
7	VA106	精馏塔进料阀	DN15 不锈钢球阀
8	VA107	精馏塔进料阀	
9	VA108	精馏塔进料阀	
10	VA109	精馏塔进料阀	
11	VA110	精馏塔进料阀	
12	VA111	精馏塔进料阀	
13	VA112	精馏塔进料阀	
14	VA113	精馏塔进料阀(最下)	
15	VA114	第 14 层精馏塔进料阀	
16	VA115	原料液储罐 V104 排液阀	DN25 不锈钢球阀
17	VA116	塔釜底阀:排液、取样用	DN25 不锈钢
18	VA117	塔釜排气阀	DN15 不锈钢
19	VA118	再沸器 E103 排液阀	
20	VA119	塔顶产品储罐排液阀	
21	VA120	塔釜产品储罐排液阀	
22	VA121	料液总回收阀门	或塔顶塔釜产品总回收阀(仿真用)
23	VA122	塔顶产品储罐 V103 排气阀	
24	VA123	塔体放料阀	
25	VA124	真空缓冲罐排气阀	DN15 不锈钢球阀
26	VA125	冷凝液回流罐真空阀	
27	VA126	回流旁路阀门	
28	VA127	采出泵采出阀	
29	VA128	回流罐出口旁路控制阀门	DN15 不锈钢球阀
30	VA129	回流流量计 F103 控制阀门	DN15 不锈钢球阀
31	VA130	回流流量计 F104 控制阀门	DN15 不锈钢球阀
32	VA131	回流泵入口阀门	DN15 不锈钢球阀
33	VA132	料液循环回收阀	DN15 不锈钢球阀
34	VA133	精馏塔进料阀(上 1)	仅实训
35	VA134	精馏塔进料阀(上 2)	仅实训
36	VA135	塔顶冷却水控制电磁阀	220V,DN15 不锈钢电磁阀
37	VA136	塔釜出料罐放空阀	DN15 不锈钢球阀
38	VA137	原料罐 V104 真空阀	DN15 不锈钢球阀
39	VA138	塔顶产品罐 V103 真空阀	DN15 不锈钢球阀
40	VA139	塔顶冷凝水入口阀	
41	LV101	电磁阀门:控制塔底产品采出速度	DN25 常闭不锈钢电磁阀

精馏仿真中，有 9 个进料阀门，从精馏塔下方 VA114 开始，向塔的上方编号依次降低，一直到阀门 VA106。在精馏实训中，有 11 个进料阀门，编号从塔下方开始，与仿真中编号一致，精馏塔最上方比仿真多两个进料阀门，从上往下依次命名为 VA133 和 VA134。

其中再沸器 E103 排液阀门 VA118，在正常停车操作中，又称为塔釜排料阀。塔顶产品储罐排液阀 VA119，调节采出泵 P102 后端的转子流量计 F104，也称为塔顶产品出料阀。

冷却水流量调节阀门 FV103，也称为冷却水进料阀或者冷却水上水阀。在仿真操作中，上水阀和流量调节阀为同一个阀门；在实训操作中，FV103 为冷凝器流量调节阀门，而冷却水上水阀门为 VA139。

冷凝液回流罐排液阀 VA131，也称为回流泵入口阀。

阀门 VA126 及以后的阀门仅在实训中使用。VA135 电磁阀门为长开，操作中一般不需要调节。

3. 主要仪表

通过操作精馏塔，可练习转子流量计、差压变送器、热电阻温度计、液位测量（有磁翻转液位计和玻璃液位计两种）、压力表（差压变送器、压力传感器、压力表、真空表）、回流比控制器、AI 数字显示仪表的使用以及仪表联动调节能力锻炼，以及了解变频调速器工作原理。主要的控制仪表见图 6-21，图中对应的主要参数见表 6-29。

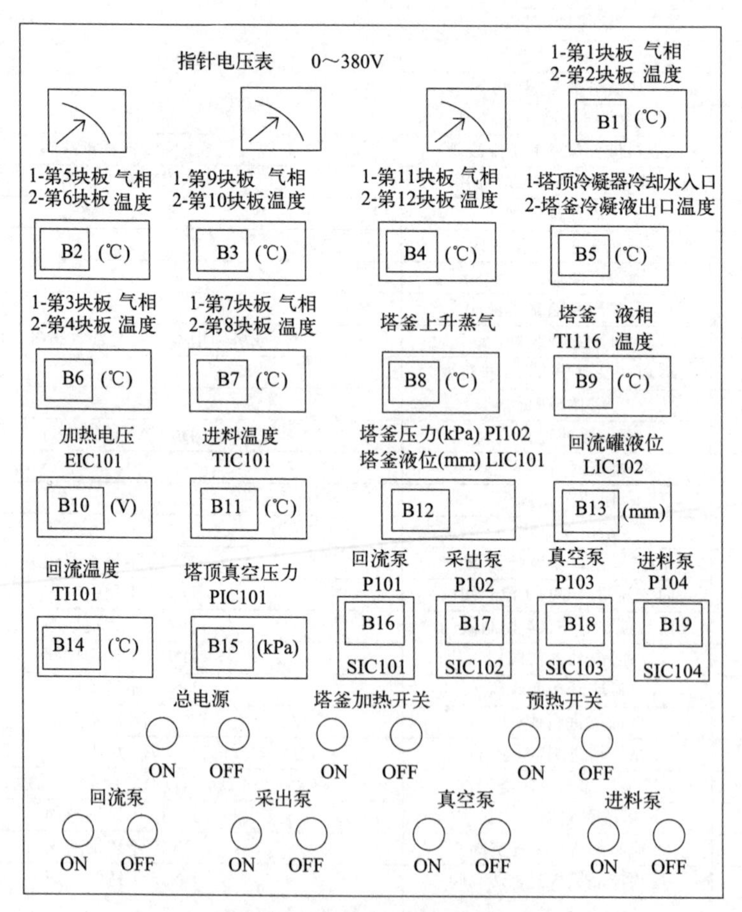

图 6-21 精馏实训装置面板图

表 6-29 中 PI101 是指针式真空压力表的测量值，对应真空缓冲罐 V102 压力，也可以是冷凝器 E101 的压力，V102 和 E101 两设备管道相连，压力相同。指针式压力表只能显示，不能控制。而冷凝器真空度控制 PIC101 和 PI101 测量的是同一个真空度数值，只是 PIC101 是真空传感器，可以在电脑 DCS 端起到显示和控制的作用，控制的原理是通过调节与真空泵相连的

变频器实现。变频调速器控制真空泵的转速可达到控制对应的真空度的目的。其余泵如进料泵、采出泵、回流泵，都是通过调节变频器控制泵的转速以控制对应的流量。

所有热电阻温度计的范围均为0～100℃，材质是Pt100（尾长150mm、3分外扣），当不需要控制温度时，数控仪表类型为AI-702。塔板温度是指气相温度。TI101为冷凝液回流温度，其中冷凝液是塔顶上升蒸气经冷凝器冷凝后，回流到塔顶的液体温度。仿真中可以测量14层塔板温度（实训中可测量显示的温度为12层塔板），实训和仿真中进料阀门都有9个。

表6-29 主要仪表

序号	测量参数	仪表位号	检测仪表	显示仪表	表号	执行机构
1	真空缓冲罐V102	PI101	真空表-100～0kPa	就地		
2	冷凝器真空度	PIC101	真空传感器 －5～20kPa	远传AI-519	B15	真空泵控制 变频器SIC01
3	进料液流量计	FIC101	转子流量计 LZB-10;10～100L/h	就地 远传AI-519		实训 仿真
4	进料液流量计	FI 102	转子流量计 LZB-15;40～400L/h	就地 远传		实训 仿真
5	回流流量计	FIC103	转子流量计 LZB-10;10～100L/h	就地 AI-519		回流泵控制 变频器SIC02
6	塔顶采出流量	FI 104	转子流量计 LZB-10;4～40L/h	AI-501		采出泵控制 变频器SIC03
7	冷却水流量计 （塔顶冷凝器）	FI 105	转子流量计,LZB-25 100～1000L/h	就地 AI-501		
8	塔釜加热功率	EIC101	三相功率变送器 0～25kW	AI-519	B10	380V 加热棒
9	塔釜压力	PI102	指针式压力表 传感器(0～250kPa)	就地 远传AI-501	B12	实训/仿真
10	T101塔釜液位	LIC101	磁翻板液位计	就地 远传AI-519		实训
11	冷凝液回流罐 V101液位	LIC102 (LI102)	压差传感器 0～1000mm	远传 AI-519	B13	变频器， 液位上限报警
12	真空泵频率	SIC103	变频器	远传	B18	实训
13	回流泵频率	SIC101	变频器	远传	B16	实训/仿真
14	采出泵频率	SIC102	变频器	远传	B17	实训/仿真
15	进料泵频率	SIC104	变频器	远传	B19	实训
16	冷凝液体回流温度	TI101	热电阻温度计	远传	B14	实训/仿真
17	进料预热器温度	TIC101	热电阻温度计	远传	B11	
18	第1层塔板温度	TI102	热电阻温度计	远传	B1	
19	第2层塔板温度	TI103	热电阻温度计	远传		
20	第3层塔板温度	TI104	热电阻温度计	远传	B6	
21	第4层塔板温度	TI105	热电阻温度计	远传		
22	第5层塔板温度	TI106	热电阻温度计	远传	B2	
23	第6层塔板温度	TI107	热电阻温度计	远传		
24	第7层塔板温度	TI108	热电阻温度计	远传	B7	
25	第8层塔板温度	TI109	热电阻温度计	远传		
26	第9层塔板温度	TI110	热电阻温度计	远传	B3	
27	第10层塔板温度	TI111	热电阻温度计	远传		
28	第11层塔板温度	TI112	热电阻温度计	远传	B4	
29	第12层塔板温度	TI113	热电阻温度计	远传		
30	第13层塔板温度	TI114	热电阻温度计	远传		仅仿真

续表

序号	测量参数	仪表位号	检测仪表	显示仪表	表号	执行机构
31	第14层塔板温度	TI115	热电阻温度计	远传		仅仿真
32	塔釜液体温度	TI116	热电阻温度计	远传	B9	实训/仿真
33	再沸器E103温度	TI117	热电阻温度计			仅仿真
34	冷却水上水温度	TI118	热电阻温度计	远传	B5-1	仿真/实训
35	冷却水回水温度	TI119	热电阻温度计			仿真
36	塔釜冷凝液出口温度	TI120	热电阻温度计		B5-2	
37	塔釜上升蒸汽温度	TI121	热电阻温度计	远传	B8	实训
38	塔顶轻组分浓度	x_D	乙醇浓度传感器	远传		仅仿真
39	进料轻组分浓度	x_F	乙醇浓度传感器	远传		仅仿真
40	塔釜轻组分浓度	x_W	乙醇浓度传感器	远传		仅仿真
41	回流比	R	计量值	远传		仅仿真
42	塔顶产品储罐液位	LI103	玻璃液位计	就地		
43	原料罐液位	LI104	玻璃液位计	就地/远传就地		仿真实训
44	塔釜产品储罐 V105液位	LI105	玻璃液位计	就地/远传 就地		仿真 实训

在开车前，检查动静设备如原料预热器、塔顶冷凝器、塔釜再沸器，以及各管件、仪表、精馏塔及附属设备是否完好，检查阀门、分析取样点是否灵活好用以及管路阀门是否有漏水现象。

在正式使用设备前，检查原料液及冷却水、电气等公用工程的供应情况：

① 检查原料罐内阀门是否处于正确位置，原料加入口是否畅通，有无堵塞情况。

② 检查上水管线是否正常，水流量是否达到要求。

③ 检查电器仪表柜处于正常后接通动力电源，电器仪表柜三块指针电压表均指向380V，说明动力电源已经接入。按下电器仪表柜总电源开关绿色按钮使仪表上电，整套实训设备处于准备开启状态。

④ 按照常用仪表的使用方法，对仪表及主要部件是否正常作出判断。

⑤ 打开设备总电源，巡视仪表。观察仪表有无异常（PV和SV显示是否在闪动，一般闪动即表示仪表异常）。

4. 主要工艺指标

主要工艺指标见表6-30。

表6-30　主要工艺指标

序号	名称	正常值	备注
1	精馏塔进料流量/(kg/h)	500～600	转子流量计示数
2	冷却水流量/(m^3/h)	3～5	转子流量计示数
3	塔釜压力/kPa	3～15	随加热功率变化
4	塔顶冷凝器压力/kPa	−5	
5	冷凝液回流温度 TI101/℃	75	
6	冷却水上水温度/℃	20	
7	冷却水回水温度/℃	40～45	
8	塔顶轻组分摩尔分数/%	82.68	$R=3$
9	进料轻组分摩尔分数/%	7.98	$R=3$
10	塔釜轻组分摩尔分数/%	1.55	$R=3$
11	回流泵P101频率/Hz	50	$R=3$
12	采出泵P102频率/Hz	50	$R=3$

续表

序号	名称	正常值	备注
13	再沸器功率输入/kW	50	
14	预热器功率输入/kW	50	
15	塔釜温度 TI116/℃	97	
16	第1层塔板温度 TI112/℃	78	

四、仿真操作规程

在精馏实际操作过程中，由于实际阀门数量较多，为了简化步骤、突出操作过程原理，仿真步骤相对简化，所以在本节中单独列出。

1. 正常开车

（1）开启总电源。

（2）开启精馏塔进料泵 P104 进料阀 VA101。

（3）开启流量计 F102 前阀 VA105，设置开度为 50%，或开启流量计 F101 前阀 VA104；开启精馏塔第 14 层塔板进料阀 VA114。

（4）开启精馏塔进料预热器 E102；调节进料预热器加热控制系统 TIC101 输出 OP 值为 50，表示进料预热器 E102 加热功率为 50kW。

（5）塔釜液位指示 LI101 液位超过 20%后，开启塔釜再沸器 E103 加热开关；调节再沸器 E103 控制表（装置控制面板）的 PV 值，需要先点 ENTER 键回车，才能调节 PV 值为 50，表示设置塔釜再沸器 E103 加热功率为 50kW。

（6）精馏塔进料温度达到 90℃后，设置 TIC101 为自动控制。

（7）塔顶第一块塔板温度 TI102 开始上升时，开启塔顶冷凝器冷却水进料阀 VA139，设置开度为 50%。

（8）塔顶温度 TI103 开始上升时，开启真空泵 P103；调节塔顶冷凝器真空度控制系统 PIC101 输出 OP 值为 50，表示真空泵输入频率为 50Hz；真空缓冲罐 V102 压力表 PI101 显示−5kPa 后，设置 PIC101 为自动控制，此处仅用于练习，具体自动控制流程见实训操作。

（9）冷凝液回流罐 V101 有液位后，启动回流泵 P101；调节回流泵 P101 控制表的 PV 值为 50，点击 ENTER 键，表示回流泵 P101 输入频率为 50Hz。

（10）冷凝液回流罐 V101 有液位后，启动采出泵 P102；调节采出泵 P102 控制表的 PV 值：先点击回车 ENTER 键再输入 50，表示采出泵 P102 输入频率为 50Hz。

（11）塔顶产品储罐 V103 有液位后，开启塔顶产品出料阀 VA119；开启塔顶塔底产品总回收阀 VA121。

（12）开启回流泵 P101，塔顶冷凝液开始回流后，手动调节塔釜液位控制系统 LIC101 输出 OP 为 50，从而自动开启电动阀 LV101。

（13）开启塔釜产品储罐 V105 排料阀 VA120。

（14）塔釜液位控制系统 LIC101 液位示数 PV 值到达 30%左右后，设置 LIC101 为自动调节控制塔釜液位。

2. 正常停车

（1）设置进料预热器加热控制系统 TIC101 为手动控制；调节进料预热器加热控制系

统 TIC101 输出 OP 值为 0，表示进料预热器 E102 加热功率为 0kW；关闭进料预热器 E102。

（2）调节再沸器 E103 控制表的 PV 值：先点击 ENTER 键，再设置为 0，表示塔釜再沸器 E103 加热功率等于 0kW；然后关闭塔釜再沸器 E103 电源。

（3）关闭流量计 F102 的流量调节阀 VA105，设置开度为 0；或关闭流量计 F101 的流量控制阀 VA104；两个操作等效。

（4）关闭精馏塔原料液进料泵 P104；随后关闭该泵进料阀 VA101；关闭精馏塔第 14 层塔板进料阀 VA114。

（5）设置塔釜液位控制系统 LIC101 为手动控制；调节塔釜液位控制系统 LIC101 输出 OP 值为 0，表示 LV101 开度为 0%。

（6）注意观察塔内情况，调节塔顶产品采出泵 P102 控制表的 PV 值，先点击 ENTER 键再设置为 0，表示设置采出泵 P102 输入频率等于 0Hz；关闭塔顶采出泵 P102。

（7）调节回流泵 P101 控制表的 PV 值：先点击 ENTER 键，再设置为 0，表示回流泵 P101 输入频率等于 0Hz；关闭回流泵 P101。

（8）设置塔顶冷凝器真空度控制系统 PIC101 为手动控制；调节塔顶冷凝器真空度控制系统 PIC101 输出 OP 值为 0，表示真空泵 P103 输入频率为 0Hz；关闭真空泵 P103 电源。

（9）塔顶产品储罐 V103 液位为 0 时，关闭塔顶产品出料阀 VA119；关闭冷却水上水阀 FV103。

（10）开启塔釜再沸器排料阀 VA118。

（11）塔釜液位与塔釜产品储罐 V105 液位为 0 后，关闭塔釜产品储罐 V105 排料阀 VA120；关闭塔釜再沸器排料阀 VA118 与总回收阀 VA121。

（12）关闭仪表柜总电源。

3. 全回流操作

（1）开启总电源。

（2）开启精馏塔进料泵 P104 进料阀 VA101；开启精馏塔进料泵 P104。

（3）开启流量计 F102 前阀 VA105，设置开度为 50%；或开启流量计 F101 前阀 VA104。开启精馏塔第 14 层塔板进料阀 VA114。

（4）开启精馏塔进料预热器 E102；调节进料预热器加热控制系统 TIC101 输出 OP 值为 50，表示进料预热器 E102 加热功率为 50kW。

（5）塔釜液位 LI101 超过 20%后，开启塔釜再沸器 E103；调节再沸器 E103 控制表的 PV 值：先点击 ENTER 键，再设置 PV 值为 50，表示塔釜再沸器 E103 加热功率为 50kW。

（6）精馏塔进料温度达到 90℃后，设置 TIC101 为自动控制。塔顶温度 TI102 开始上升时：开启塔顶冷凝器冷却水进料阀 FV103，设置开度为 50%；开启真空泵 P103；调节塔顶冷凝器真空度控制系统 PIC101 输出 OP 值为 50，表示真空泵输入频率为 50Hz。缓冲罐 V102 压力表 PI101 显示－5kPa 后，设置 PIC101 为自动控制。

（7）冷凝液回流罐 V101 有液位后，启动回流泵 P101；调节回流泵 P101 控制表的 PV 值：先点击 ENTER 键，再调节 PV 值为 60。表示回流泵 P101 输入频率为 60Hz。

（8）开启塔顶回流泵 P101，塔顶产品开始回流后，设置 TIC101 为手动控制；调节进料预热器加热控制系统 TIC101 输出 OP 值为 0，表示进料预热器 E102 加热功率为 0kW，关闭精馏塔进料预热器 E102 电源。

(9) 开启塔顶回流泵 P101，塔顶产品开始回流。关闭精馏塔侧线进料阀 VA114。

(10) 关闭流量计 F102 前阀 VA105，设置开度为 0%；或关闭流量计 F101 前阀 VA104。

(11) 关闭精馏塔进料泵 P104；然后关闭进料泵 P104 进料阀 VA101。

(12) 记录塔顶轻组分与塔釜轻组分的摩尔分数值，处理数据并用图解法求理论板。

4. 部分回流 (R= 3) 操作

(1) 开启总电源。

(2) 开启精馏塔进料泵 P104 进料阀 VA101；然后开启精馏塔进料泵 P104。

(3) 开启流量计 F102 前阀 VA105，设置开度为 50%；或开启流量计 F101 前阀 VA104；开启精馏塔第 14 层塔板进料阀 VA114。

(4) 开启精馏塔进料预热器 E102 开关；然后调节进料预热器加热控制系统 TIC101 输出 OP 值为 50，表示进料预热器 E102 加热功率为 50kW。

(5) 塔釜液位 LI101 超过 20%后，开启塔釜再沸器 E103 开关；然后调节再沸器 E103 控制表的 PV 值：先点击 ENTER 键，再设置 PV 值为 50，表示塔釜再沸器 E103 加热功率为 50kW。

(6) 精馏塔进料温度达到 90℃后，设置 TIC101 为自动控制；塔顶温度 TI102 开始上升时，开启塔顶冷凝器冷却水进料阀 FV103，设置开度为 50%；然后开启真空泵 P103。调节塔顶冷凝器真空度控制系统 PIC101 输出 OP 值为 50，表示真空泵输入频率为 50Hz；缓冲罐 V102 压力表 PI101 显示－5kPa 后，设置 PIC101 为自动控制。

(7) 冷凝液回流罐 V101 有液位后，启动回流泵 P101 开关；调节回流泵 P101 控制表的 PV 值：先点击 ENTER 键，再设置 PV 值为 50，表示回流泵 P101 输入频率为 50Hz。

(8) 启动采出泵 P102 开关；调节采出泵 P102 控制表的 PV 值：先点击 ENTER 键，再设置 PV 值为 50，表示采出泵 P102 输入频率为 50Hz。

(9) 塔顶产品储罐 V103 有液位后，开启塔顶产品出料阀 VA119；开启塔顶塔底产品总回收阀 VA121。

(10) 开启回流泵 P101 塔顶冷凝液开始回流后，手动调节塔釜液位控制系统 LIC101 输出 OP 为 50，从而自动开启电动阀 LV101；开启塔釜产品储罐排料阀 VA120；等塔釜液位控制系统 LIC101 液位示数 PV 值到达 30%左右后，设置 LIC101 为自动调节控制塔釜液位。

(11) 记录进料温度 TIC101 当前温度 PV 值示数，记录进料轻组分摩尔分数值；记录塔顶轻组分摩尔分数值与塔釜轻组分摩尔分数值，进行数据处理与图解法求理论板。

五、实训操作规程

原料液行走常规路径：直接将原料液从原料液罐输送到预热器加热到指定温度后，从原料罐 V104→阀门 VA101→通过进料泵 P104→阀门 VA105→大转子流量计 F102→进料预热器 E102→进料阀门 VA106～114、VA133、VA134 (任选一) →进入筛板精馏塔 T101。

塔顶冷却水行走路径：经过阀门 VA135→阀门 FV103→转子流量计 F105→进入塔顶冷

凝器 E101。

塔釜内的原料液经加热沸腾后所产生蒸气，经过塔顶冷凝器冷凝并冷却后流入回流罐 V101。全回流操作时，冷凝液经阀门 VA131→由回流泵 P101 输送→经阀门 VA129 控制转子流量计 F103→回流至筛板精馏塔 T101 内。部分回流操作时，冷凝液一部分经过阀门 VA131 由回流泵 P101 输送→经阀门 VA129 控制转子流量计 F103→回流至精馏塔 T101 内；另一部分由采出泵 P102 输送→经阀门 VA130 控制转子流量计 F104→阀门 VA127→输送到塔顶出料罐 V103 中。

塔釜中的液体，一部分经塔釜加热生成蒸气上升回精馏塔，继续维持上升蒸气的产生；另一部分通过电磁阀 LV101 控制，作为塔底采出产品，依靠液位差将塔釜液体输送到塔釜出料罐 V105 内。电磁阀 LV101 和塔釜液位 LIC101 构成串级控制回路，控制调节精馏塔塔釜液位。其中，塔釜用电加热棒加热，加热功率由 EIC101 控制。

真空操作时，原料罐 V104 打开阀门 VA137；精馏塔 T101 打开回流罐上方阀门 VA125；塔顶出料罐 V103 打开阀门 VA138；塔釜出料罐 V105 打开阀门 VA136 到真空缓冲罐 V102，空气最终被真空泵 P103 排出。

（一）原料液浓度配制与进料流量的调节技能训练

本次训练目的是了解掌握原料液的配制、检查原料液浓度和调节进料量的操作。按照操作要求，进行与进料相关的操作练习。

1. 回收塔釜料液

（1）打开原料罐 V104 的放空阀 VA137、真空缓冲罐 V102 的放空阀 VA124、原料罐 V104 的回流阀 VA103、塔釜放空阀 VA117 及塔釜的出料阀 VA118，关闭其他所有阀门。准备进行原料液的循环混合。

（2）用变频调速器缓慢启动进料泵 P104，将塔釜原料打入原料罐 V104。

2. 回收塔顶出料罐 V103 中液体

当塔釜内料液抽干后，关闭塔釜放空阀 VA117 和出料阀 VA118，同时将塔顶出料罐 V103 的排液阀 VA119 和放空阀 VA122 打开，将塔顶出料罐 V103 的料液抽回到原料罐 V104 中。

3. 回收塔釜出料罐 V105 中液体

塔顶出料罐 V103 料液抽干后，关闭塔顶出料罐 V103 放空阀 VA122、塔顶出料罐 V103 的出料阀 VA119，打开塔釜出料罐 V105 的出料阀 VA120、料液循环回收阀 VA132、真空缓冲罐 V102 放空阀 VA124 及塔釜出料罐 V105 放空阀 VA136，启动泵 P104 将塔釜出料罐 V105 的原料送回原料储罐 V104。

4. 充分混合回收到原料罐的液体

（1）待塔釜出料罐 V105 抽干后，关闭塔釜出料罐 V105 的出料阀 VA120，打开原料罐 V104 下的出料阀 VA101，利用进料泵将原料在原料储罐 V104 中进行充分混合。

（2）混合 3～5min 后，取样测量原料浓度：打开原料储罐 V104 的取样阀 VA102，用 100mL 锥形瓶提取体积大于 80mL 的样品，盖好橡皮胶塞，用酒度计分析样品浓度，如果浓度不达标，可以通过加水或酒精的方法调节浓度以达到规定要求（原料体积浓度一般控制在15%～20%)。

5. 调节进料量

打开塔身进料板位置上的阀门(进料位置有多块塔板,根据实际情况决定)、塔釜放空阀VA117、真空缓冲罐V102放空阀VA124和阀门VA101,用流量调节阀VA105调节进料流量并保持稳定。

(二)全回流操作技能训练

1. 全回流开车操作

(1)开启总电源。

(2)开启精馏塔进料泵P104的进料阀VA101和原料罐V104的回流阀VA103。

(3)开启精馏塔进料阀门。由于精馏塔具有多个进料口,根据实验要求,首先确定合适的进料板位置,可以是VA106～VA112、VA133、VA134中的任意一个(该进料板位置可以根据实际需要更改)。

(4)开启原料罐V104上放空阀VA137、真空缓冲罐V102放空阀VA124、塔釜放空阀VA117和原料罐V104下的出料阀VA101,关闭其他进料管线上的相关阀门。

(5)从电器仪表柜上设定进料温度控制TIC101值在45℃。

(6)开启精馏塔进料泵P104。开启方法有两种:

① 启动仪表控制面板的进料泵按钮。

② 双击控制电脑屏幕桌面上的“精馏实验”图标进入软件,登录系统后,启动进料泵P104。

(7)开启进料转子流量计F102前阀VA105;或开启流量计F101前阀VA104。调节原料罐V104的回流阀VA103,将进料流量调整到400L/h。

(8)塔釜液位指示LI101液位达到620mm左右时,关闭进料泵,同时关闭塔身进料板位置上的阀门和塔釜放空阀VA117。

(9)开启仪表控制面板上的塔釜电加热开关;调节塔釜加热控制表EIC101(装置控制面板)的加热电压调节至130～180V之间。由于塔釜加热功率不稳定,建议开始加热时,将塔釜加热功率调至手动状态,使其SV显示M20,表示输出为20%,0.5～1min后调至自动状态。

(10)精馏塔第3块板温度TI104温度达到70℃时,打开冷却水入口阀VA139,调节阀门FV103,使冷却水流量计F105调整到500L/h左右,接通塔顶冷凝器E101,使塔顶蒸汽冷凝为液体,流入塔顶回流罐V101。

(11)接通塔釜冷凝器E104的冷却水。

(12)通过塔釜上方和塔顶的观测段,观察液体加热情况。直至液体开始沸腾。

(13)当塔顶回流罐V101有冷凝液流入时,调节塔釜加热功率控制在8kW左右,打开采出泵P102和泵的出口阀门VA130,打开阀门VA126,设定回流罐液位200mm,采出泵自动控制回流罐液位,进行全回流操作。

2. 全回流稳定性分析与判断

当精馏塔正常开车以后,要随时观测塔内各点温度、压力、流量和液位的变化情况,建议每 5min 记录数据。塔顶温度 TI102 保持恒定一段时间（20min）后，在塔顶和塔釜的取样点 VA123、VA116 位置分别取样分析。

全回流条件下，可以通过回流量、塔内温度曲线两个条件判断精馏塔操作是否稳定，当以下两种情况同时出现时，可以认为全回流操作下全塔处于稳定状态：

（1）全回流塔顶冷凝液回流量的稳定：即塔顶回流泵 P101 频率固定，且塔顶回流罐 V101 内的液面基本不再变化。

（2）精馏塔内温度曲线的稳定：进入实验软件，点击【温度曲线】，在界面中查看【所有温度曲线】，并且观察灵敏板曲线的分布状况。塔顶温度曲线、回流液温度曲线都趋于水平直线。

（三）塔釜液位控制

精馏生产过程中，要对塔釜液位进行操控。控制方式为 PID 控制，被控对象为塔釜液位 LIC101，执行对象为电磁阀 LV101，控制塔底产品采出速度。当塔釜液位过高时增大 LV101 开度，当塔釜液位过低时减少 LV101 开度，控制塔釜液位在 30%左右。建议塔釜液位在 600mm 左右，低于 500mm 时会报警而电加热不工作；高于 650mm 时电磁阀门 LV101 开启，塔釜内液体流到塔釜出料罐 V105 中。

当塔釜液位高于指定位置时，打开塔釜出料阀 VA118、塔釜放空阀 VA117 和塔釜出料罐 V105 的出料阀 VA120 和放空阀门 VA136，启动进料泵 P104 将塔釜内多余物料放出。

塔釜液面到达指定位置时，关闭以上四个阀门（VA120、VA136、VA117 和 VA118）。

当塔釜液位低于指定位置时，打开精馏塔进料板位置上的阀门（根据实际情况决定具体进料板位置，以 VA114 为例）、原料罐 V104 的放空阀 VA137、回原料罐 V104 的回流阀 VA103、塔釜放空阀 VA117 和原料罐 V104 下的出料阀 VA101，关闭其他进料管线上的相关阀门。

调整塔釜液位具体步骤如下：

① 打开仪表柜总电源。打开计算机，双击屏幕桌面上的“精馏实验”图标进入软件，登录系统后，将进料泵频率 SIC104 设定为 30.00Hz，启动进料泵 P104。

② 打开转子流量计 F102 下的阀门 VA105，逐渐关闭回原料罐 V104 的回流阀 VA103，将进料流量调整到所需位置。

③ 当塔釜液位指示 LIC101 达到指定位置时，关闭进料泵，同时关闭塔身进料板位置上的阀门 VA114 和塔釜放空阀 VA117。

（四）进料预热器控制

控制方式为 PID 控制，被控对象为精馏塔进料液温度，通过调节预热器 E102 加热功率控制进料液温度，根据进料塔板对温度的要求，调整预热器 E102 加热后料液温度，具体步骤如下：

① 打开塔身进料板上的阀门（自己选定）、原料罐 V104 的放空阀 VA137 和真空缓冲罐 V102 的放空阀 VA124、回原料罐 V104 的回流阀 VA103、原料液罐 V104 下方出料阀门 VA101、塔釜放空阀 VA117，关闭其他进料管线上的相关阀门。

② 打开计算机，双击屏幕桌面上的“精馏实验”图标进入软件，登录系统后，将进料泵频率 SIC104 设定为 30.00Hz，启动进料泵 P104。

③ 打开转子流量计 F102，逐渐关闭原料罐 V104 的回流阀 VA103，将进料流量调整到所需流量，建议为 20L/h。

④ 单击实验软件中的 TIC101，将预热器的温度设定在所需温度（60.0℃）。打开进料加热开关即可。

（五）塔釜加热量的控制

塔釜加热量的控制方式为 PID 控制。当塔内出现液泛现象（塔顶压力 PIC101 与塔釜压力 PI102 之差逐渐增大），或全回流时塔顶冷凝液无法全部经回流泵回流时，就需要减小塔釜加热功率，以保证全塔正常操作；当塔内出现漏液现象，或塔顶回流罐内没有回流液时，则需要增大加热电压，以保证全塔的正常操作。

刚打开塔釜的电加热开关时，加热功率不稳定，建议开始加热前，将再沸器加热功率调至手动状态，使其 SV 显示 M20 半分钟后，再改为自动状态加热塔釜内液体。

操作方法如下：

① 计算机操作步骤：在软件中点击塔釜的加热功率 EIC101 的调节框，将输入电压降低，直至全塔正常运行为止。

② 手动操作步骤：调节仪表 EIC101 的设定加热功率值（按仪表数据位移键◁，下面显示窗设定值的地方会出现光标闪动，按数据加减键▽、△加减到所需的加热电压，后按下设置键◎确认）。

（六）回流罐液位自动控制

回流罐采用耐热玻璃制成便于观测，塔顶回流的液体进入回流罐，回流罐下面分别接回流泵和出料泵，在回流转子流量计阀门全开的状态下，由回流罐的液位传感器调节回流泵的变频调速器转速，达到控制回流流量的目的。为了物料衡算中进、出回流罐的液体相同，必须保持回流罐液位恒定。

1. 全回流操作

当塔顶冷凝器有液体出现时，在液位控制仪 LIC102（自动状态下，仪表设定压差值，输出液位高度值）设定回流罐液位为 200mm，然后在启动回流泵、全开转子流量计的条件下，设定的液位高度会直接反馈到回流泵的变频调速器，同时调节转子流量计的度数，从而达到自动控制回流罐液位的目的，此时，可以从转子流量计上人工读出相应的数值，建议回流量在 20L/h 左右。也就是说，回流罐的液位高度直接控制回流泵的变频调速器的数值，从而间接达到控制回流管线中流量的目的。回流流量的变化引起回流罐液位的调整，调整的数值又反馈给回流泵控制回流流量的大小，如此在液位传感器、回流泵、泵的频率调速器之间联动调节，实现自动控制并最终达到平衡。这种 PID 自动调节的过程，需要经过上下周期波动实现，需要一定的整定时间，通常时间较长。

如果想尽快达到稳定控制的目的，缩短实验时间，还可以选择将回流罐液位仪表调到手动状态，这时显示的是回流泵的输出频率（范围：0～100％输出）。按仪表的上下箭头调节泵开度，实现通过仪表手动控制回流流量，同时观察回流罐液位，这样可以较快实现液位控制。

2. 部分回流操作

在全回流回流罐液位稳定后，将出料转子流量计阀门全部打开，然后通过调节仪表柜出料泵变频调速器，缓慢打开出料泵，实现出料流量的控制，建议出料量在6～8L/h，即可进行部分回流操作。以上通过泵频率控制流量的方式通常调整时间较长，可以在打开出料泵后，通过开关出料转子流量计的阀门，直接调整流量到设定值。

通常加热40～60min后，塔顶会产生冷凝液，回流罐V101液位LIC106控制范围是在100～300mm之间，超过300mm时，设备会发出报警声，提示打开回流装置。

（七）全回流切换为部分回流操作训练

当全回流操作稳定并经测量分析确认后，可进行连续进料下的部分回流操作，操作方法如下：

待样品取样分析后，打开原料罐V104的放空阀VA137、真空缓冲罐V102的放空阀VA124、回原料罐V104的回流阀VA103、原料罐下方的出料阀VA101，原料进塔身进料板上的阀门（自定），关闭其他进料管线上的相关阀门。

将进料泵频率SIC104设定为30.00Hz，启动进料泵P104后，打开进料转子流量计F101（或者F102）的调节阀VA104（或者VA105），逐渐关闭回原料罐V104的回流阀VA103，调整进料流量，建议控制在20L/h。

计算回流比（建议为2∶1）。根据全回流操作可以观察出回流量大概为16L/h，从而计算出出料和回流的流量。进入实验软件，将采出泵P102频率设定为30Hz左右，由此调节采出的转子流量计开度，从而达到调节出料量的目的。

打开回流泵入口阀VA131、塔顶产品罐V103放空阀VA122和采出泵的采出阀VA127，调整阀门VA130采出流量FI 104流量为5～6L/h，关闭回流旁路阀门VA126和VA128。关闭其它进料管线上的相关阀门。启动回流泵P101，调整阀门VA129控制流量计F103回流流量为10～11L/h。设定V101塔顶回流罐LIC102的数值设为200，此时开始出料，直至液面稳定。稳定一段时间后，记录相关数据。

（八）停车操作（以部分回流为例）

（1）首先关闭塔顶出料泵P102，然后关闭进料泵P104，关闭塔釜的加热功率；

（2）注意观察塔内情况，待塔顶回流罐V101没有冷凝液流入时，关闭回流泵P101；

（3）观察到没有蒸气上升时，关闭冷却水入口总阀VA139，切断塔顶冷凝器E101和塔釜冷却器E104的冷却水；

（4）关闭仪表柜总电源，退出软件，关闭计算机。

（九）减压精馏控制

1. 压力控制和气密性检查

控制方式为PID控制，被控对象为塔顶冷凝器压力进而控制精馏塔塔顶压力，通过变频调节真空泵P103的功率输出调整塔顶冷凝器压力。具体步骤如下：

(1) 打开原料罐 V104 真空阀 VA137、回流罐的真空阀 VA125、塔顶产品罐 V103 真空阀 VA138 和塔釜出料罐 V105 的真空阀 VA136，关闭所有阀门。检查原料罐 V104、塔釜出料罐 V105 的加料口是否密封。

(2) 双击屏幕桌面上的“精馏实验”图标进入软件，登录系统后，设定塔顶真空度为－5.0kPa，启动真空泵，观察是否能够控制在指定的负压范围，即软件上“PIC101”是否围绕－5.0kPa 波动，若一直增大或减小，都不是正常现象。

2. 减压精馏塔全回流操作

按照压力控制和气密性检查操作建立起真空系统后，打开加热开关，用电加热器加热再沸器内的液体，按照全回流开车操作规程进行全回流操作。实训时注意观察塔内压力、温度变化，发现异常请及时报告老师。

(十) 间歇精馏操作训练

1. 间歇精馏恒回流比操作

在全回流稳定的情况下，按照一定的回流比（2～4）进行操作。需时刻关注塔体内温度和塔釜液位的变化，当液位低于设定值时，及时停止加热结束操作。

2. 间歇精馏恒组成操作

在全回流稳定的情况下，按照一定的回流比（2～4）进行操作。当塔体灵敏板温度升高时，应逐渐减小出料量、加大回流比，以确保塔顶组成保持稳定。时刻注意塔体内温度和塔釜液位的变化，当液位低于设定值时，及时停止加热结束操作。

(十一) 减压精馏操作

由于乙醇-水系统在负压下沸点较低，故进行减压精馏时系统真空度不要大于 10kPa。按照操作要求，对精馏塔的真空系统进行密封，并进行试压练习。检查真空系统的工作情况。如果出现异常，请及时停止试压操作，并且通知老师处理。具体操作如下：

① 打开原料罐 V104 真空阀 VA137、整塔 T101 的真空阀 VA125、塔顶产品罐 V103 真空阀 VA138 和塔釜出料罐 V105 的真空阀 VA136，关闭所有阀门。检查原料罐 V104、塔釜出料罐 V107 的加料口是否进行密封。

② 双击屏幕桌面上的“精馏实验”图标进入软件，登录系统后，设定塔顶真空度为－5.0kPa，启动真空泵，观察是否能够控制在指定的负压范围，即软件上“PIC101”是否围绕－5.0kPa 波动。若压强一直增大或减小，都不是正常现象。

按照上面操作建立起真空系统后打开加热开关，用电加热器加热塔釜内的液体，然后按照全回流操作。随时注意观察塔内压力、温度变化，发现异常应及时报告。

六、数据处理

(一) 数据记录

实训操作条件的基本参数记录在表 6-31 中。

日期：　　年　　月　　日；水温________，室温________，气压________。

表 6-31　数据记录参考表

填表人：	全回流	部分回流($R=$　　)
塔顶温度/℃		
塔釜温度/℃		
回流液温度/℃		
冷却水入口温度/℃		
冷却水出口温度/℃		
塔釜加热功率/kW		
塔釜液位/%		
塔釜压力/kPa		
塔顶压力/kPa		
回流泵频率/Hz		
采出泵频率/Hz		
进料温度/℃		
进料流量/(L/h)		
塔顶轻组分摩尔分数x_D		
塔釜轻组分摩尔分数x_W		
进料轻组分摩尔分数x_F		

（二）全回流和部分回流条件下总板效率测定

分别在全回流和部分回流稳定条件下从塔顶（VA123）、塔底（VA116）、进料取样口（VA102）用100mL的锥形瓶取样品80mL左右，用酒度计分析测量样品浓度。得到x_D、x_W和x_F，计算总板效率。

（三）数据处理与计算

1. 全回流操作

根据表6-32两组数据，查酒精计使用说明书，得到20℃时塔顶乙醇的体积分数为95.4%，查得20℃时乙醇密度为789kg/m^3、20℃水密度为998.2kg/m^3。换算得到塔顶乙醇的质量分数、摩尔分数为：

质量分数
$$W=\frac{0.954\times 789}{0.954\times 789+(1-0.954)\times 998.2}=0.9425 \tag{6-20}$$

计算摩尔分数
$$x_D=\frac{\frac{0.9425}{46}}{\frac{0.9425}{46}+\frac{1-0.9425}{18}}=0.8651 \tag{6-21}$$

表 6-32　全回流实验数据：实验物系（乙醇-水）

$R=\infty$		测样温度/℃	酒精计读数	20℃下乙醇体积分数	质量分数 W	摩尔分数 x
全回流	塔顶样品	23	96	95.4	0.9425	$X_D=0.8651$
	塔釜样品	24	14	13.1	0.1065	$X_W=0.045$

同理可算得塔釜乙醇的摩尔分数 $x_W=0.045$。

用图解法求理论塔板数（如图6-22所示），在平衡线和操作线之间图解理论板数为8.9，塔釜再沸器为一块理论板，则有 $N_T=8.9-1=7.9$。

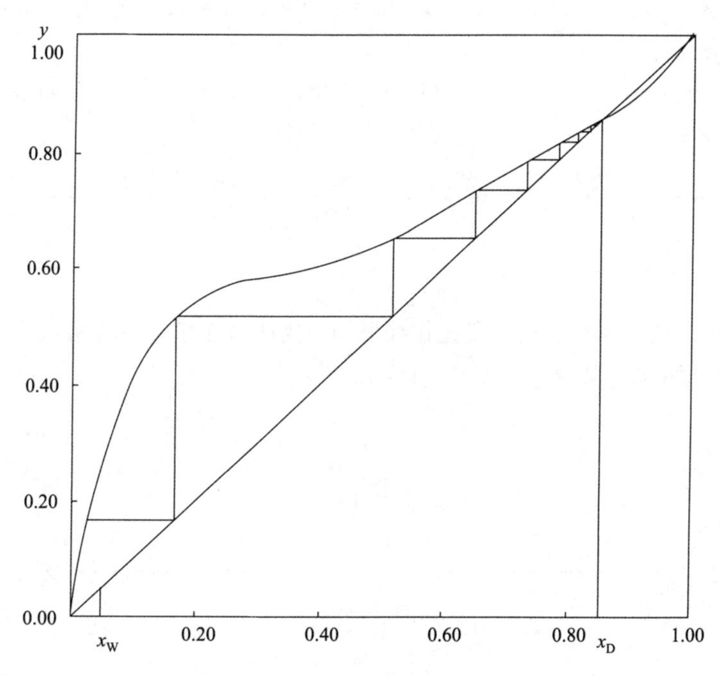

图6-22　全回流图解理论塔板数

则全塔效率

$$\eta=\frac{N_T}{N_P}=\frac{7.9}{14}=56.4\% \tag{6-22}$$

2. 部分回流操作（$R=2$）

根据表6-33中数据，在样品温度27.5℃时，塔顶样品酒精计读数为93；在样品温度20.5℃时，塔釜样品酒精计读数为4；在样品温度26℃时，进料样品酒精计读数为24。与全回流数据处理的方法相同，分别计算出塔顶和塔底乙醇的质量分数和摩尔分数。

表6-33　部分回流实验数据：实验物系（乙醇-水）

$R=2$		测样温度 t_F/℃	酒精计读数	20℃下乙醇体积分数	质量分数 W	摩尔分数 x
部分回流	塔顶样品	27.5	93	91.2	0.8912	$x_D=0.7622$
	塔釜样品	20.5	4	4	0.0319	$x_W=0.0127$
	进料样品	22.6	24	21.9	0.1814	$x_F=0.0798$

泡点温度（t_B）与进料浓度之间的关系：

$$t_B=-837.06x_F^3+678.96x_F^2-185.35x_F+99.371$$

$x_F=0.0798$ 时，泡点温度为88.47℃，平均温度 $=\frac{t_B+t_F}{2}=\frac{88.47℃+22.6℃}{2}=55.54℃$。

在55.54℃下，乙醇的比热容 $c_{p,1}=2.85\text{kJ/(kg·℃)}$，水的比热容 $c_{p,2}=4.18\text{kJ/}$

(kg·℃);

在 88.47℃下，乙醇的汽化潜热 $r_1=755\text{kJ/kg}$，水的汽化潜热 $r_2=2283\text{kJ/kg}$。

则混合液体比热容：

$$c_{p,m}=46\times0.0798\times2.85+18\times(1-0.0798)\times4.18=79.70[\text{kJ/(kmol·℃)}]$$

混合液体汽化潜热：

$$r_m=46\times0.0798\times755+18\times(1-0.0798)\times2283=40586.15(\text{kJ/kmol})$$

进料热状况参数：

$$q=\frac{c_{p.m}(t_B-t_F)+r_m}{r_m}=\frac{79.70\times(88.47-22.6)+40586.15}{40586.15}=1.13$$

$$加料线的斜率=\frac{q}{q-1}=8.69$$

在平衡线和精馏段操作线、提馏段操作线之间，用图解法求理论板板数为 6.6(如图 6-23)，塔釜再沸器为一块理论板，则 $N_T=6.6-1=5.6$。

则全塔效率

$$\eta=\frac{N_T}{N_P}=\frac{5.6}{14}=40\%$$

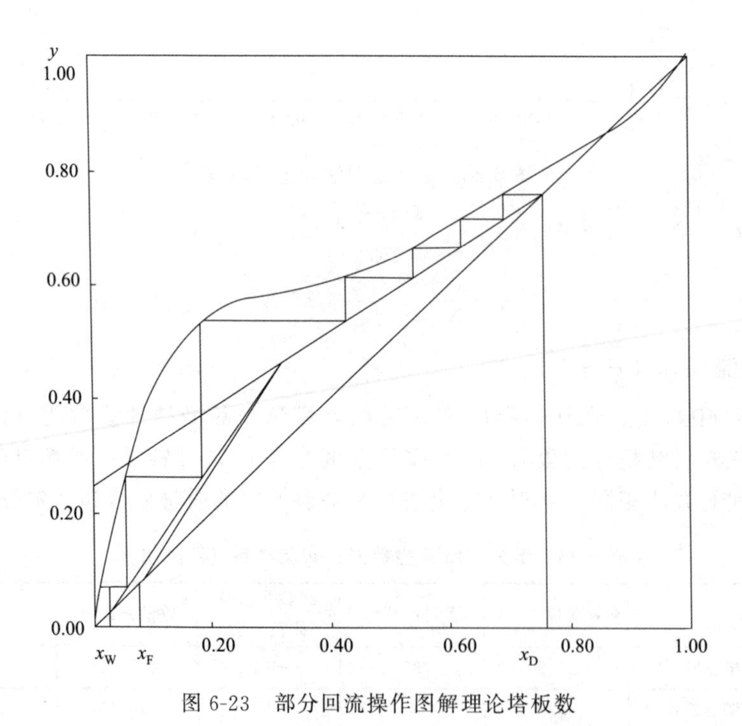

图 6-23 部分回流操作图解理论塔板数

七、计算机远程控制操作

对精馏装置，可以用现场控制台仪表和计算机进行监控，具体步骤为：启动计算机，双击桌面文件“筛板精馏操作实训”图标，进入“筛板精馏实训计算机控制程序”，点击界面任意位置，进入主程序进行相关操作。

图 6-24 主程序界面图中，左上角菜单可以打开相应的曲线控制窗口（图 6-25）。

打开主程序界面左上角的【监视曲线】菜单，点击菜单进入可查看塔体温度曲线、回流液温度曲线、冷却水温度曲线、塔釜压力曲线或者塔釜液位曲线。

打开主程序界面左上角的【控制曲线】菜单，点击菜单进入可查看塔顶压力曲线、回流液位曲线、进料温度曲线、加热电压曲线。

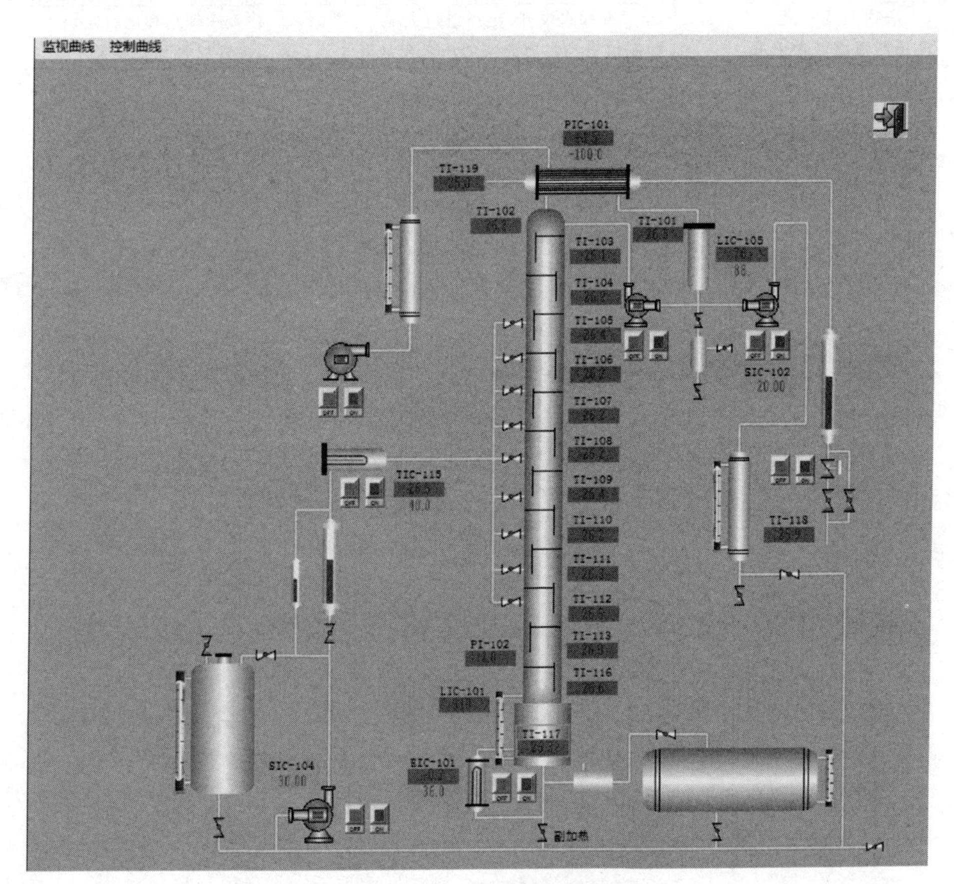

图 6-24　主程序界面图

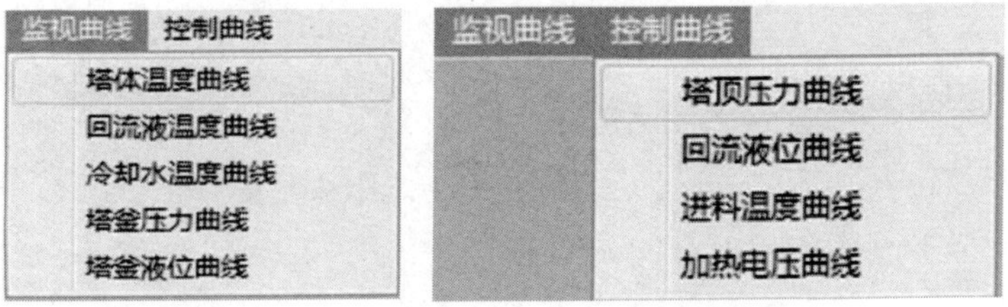

监视曲线　控制曲线
塔体温度曲线
回流液温度曲线
冷却水温度曲线
塔釜压力曲线
塔釜液位曲线

(a)监视曲线

监视曲线　控制曲线
塔顶压力曲线
回流液位曲线
进料温度曲线
加热电压曲线

(b)控制曲线

图 6-25　程序操作曲线菜单

八、异常现象排除

操作过程中发生异常情况时，可参考表 6-34 分析处理。

表 6-34 故障设置及处理表

序号	故障现象	产生原因分析	处理思路
1	精馏塔无进料液体	泵出故障、流量计卡住、管路堵塞	检查管路、泵和转子流量计
2	精馏塔液泛	加热电压过大	调节电压
3	设备断电	设备漏电或总开关跳闸	检查电路
4	精馏塔无上升蒸气	加热棒坏了或加热电压太低	加大电压、检查加热棒
5	塔顶温度升高	冷却水没开、出料量过大	检查冷却水和出料泵
6	塔顶回流罐液位升高	控制仪表参数更改或回流泵出故障	检查仪表和回流泵

仿真实训四　填料塔吸收与解吸操作

一、目的

（1）了解吸收-解吸操作基本原理和基本工艺流程；了解填料塔等主要设备的结构特点、工作原理和性能参数。

（2）根据工艺要求进行吸收-解吸生产装置的间歇或连续操作。

（3）测定吸收过程和解吸过程的性能。

二、原理

气体吸收是典型的传质过程之一。由于二氧化碳气体无味、无毒、廉价，所以选择二氧化碳作为溶质组分，本实训装置采用水吸收二氧化碳组分。二氧化碳在水中的溶解度很小，一般预先将一定的二氧化碳通入空气中混合，以提高二氧化碳的浓度，但水中的二氧化碳浓度依然很低，所以吸收的计算方法按低浓度处理，此体系吸收过程属于液膜控制。

解吸也称为脱吸，是吸收的逆过程，其传质方向与吸收相反，溶质由液相向气相传递，其目的是分离吸收后的溶液，使溶液再生并得到回收的溶质。

（一）气体通过填料层的压强降

压强降是塔设计的重要参数，气体通过填料层压强降的大小决定了塔的动力消耗。压强降与气、液流量有关，不同液体喷淋下填料层的压强降 Δp 与气速 u 的关系如图 6-26 所示。

当无液体喷淋即喷淋量 $L_0=0$ 时，干填料的 Δp-u 的关系曲线是直线；当有一定的喷淋量时，Δp-u 关系曲线变成折线，并存在两个转折点，下转折点称为“载点”，上转折点称为“泛点”。这两个转折点将 Δp-u 的关系曲线分为三个区域：恒持液量区、载液区与液泛区。

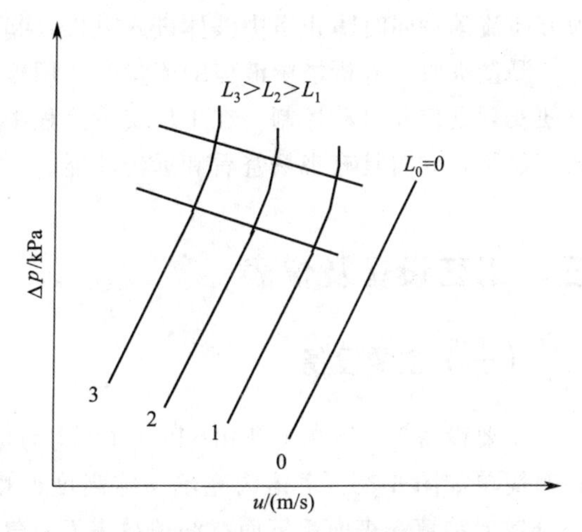

图 6-26　填料塔压降与空塔气速的关系曲线

（二）传质性能

吸收系数是决定吸收过程速率高低的重要参数，获取吸收系数的根本途径是通过实验测定。对于相同物系及一定的设备（填料类型与尺寸），吸收系数随着操作条件及气液接触情况的不同而变化。

吸收率是测定吸收操作好坏的一个主要指标，表示已被吸收的溶质量与气相中原有溶质量的比，吸收率越大吸收越完全，气体净化度越高。吸收率计算公式为：

$$\eta=\frac{Y_1-Y_2}{Y_1}$$

式中 Y_1——表示入塔气体中可吸收组分（CO_2）的摩尔分数；

Y_2——表示出塔气体中可吸收组分（CO_2）的摩尔分数。

（三）工艺流程简介

吸收与解吸过程的工艺流程参见图 6-27，具体描述如下。

1. 吸收操作流程简述

进塔空气（载体）由空气气泵 P101 提供，进塔二氧化碳（溶质）由钢瓶 X101 提供。二氧化碳气体经转子流量计 F103 计量，与经转子流量计 F105 计量的空气混合后，经 Π 形管进入吸收塔的底部并向上流动通过填料层，与下降的吸收剂（解吸液）在塔内逆流接触，二氧化碳被水吸收，吸收后的尾气排空。吸收剂（解吸液）由储罐 V102 通过离心泵 P102→文丘里流量计 F101→转子流量计 F107→从吸收塔 T101 塔顶进入塔内，并向下流动，经过填料层、吸收溶质（CO_2）后的吸收液从塔底部进入储罐 V101。

2. 解吸操作流程简述

空气（解吸惰性气体）由风机 P104 提供，经文丘里流量计 F106 计量后经 Π 形管进入解吸塔的底部并向上流动通过解吸塔，与下降的吸收液逆流接触进行解吸，解吸尾气排空；吸收液储存于储罐 V101 通过离心泵 P103→文丘里流量计 F102→转子流量计 F108→从解吸塔 T102 塔顶进入塔内，并向下流动经过解吸塔，与上升的气体逆流接触解吸其中的溶质（二氧化碳），解吸液从塔底部进入储罐 V102。

无论是吸收还是解吸，气体都是先经过 Π 形管，然后进入塔中。由此在塔的底部形成液封，Π 形管高度与塔的高度相关联的。因此气体从塔的底部进入，通过液封保证气体向塔顶方向流动；同时防止塔中液体进入风机，起到双重保险作用。

测量吸收和解析塔中液体的流量时，用玻璃转子流量计方便现场读数，而文丘里流量计方便实现远传和自动控制。在工厂实际流程中，更多使用传感器，现在很多传感器上也带有数字显示，同时具有现场查看和远传功能。

三、工艺设备及仪表

（一）主要设备

主要设备见表 6-35，T101 和 T102 均为填料塔，是一种重要的气液传质设备，其结构相对简单如图 6-28，塔体内充填一定高度的填料，填料下方有支撑板，液体自填料层顶部部分散后沿填料表面留下而湿润填料表面；气体在压强差的推动下，通过填料间的空隙由塔的下端流向上端。气液两相间的传质通常在填料表面的液体与气相间的界面上进行；本实训装置所用塔壳为玻璃制成，下方有支撑板，内装 ϕ16mm×16mm 的不锈钢鲍尔环填料。

鲍尔环（见图6-29）填料是一种新型填料，是针对拉西环的一些主要缺点加以改进而出现的，是在普通拉西环的壁上开八层长方形小窗，小窗叶片在环中心相搭，上下面层窗位置相互交搭而成。鲍尔环填料与拉西环填料的主要区别是在于其侧壁上开有长方形窗孔，窗孔的窗叶弯入环心，环壁开孔使得气、液体的分布性能较拉西环得到较大的改善，尤其是环的内表面积能够得以充分利用。鲍尔环填料具有通量大、阻力小、分离效率高及操作弹性大等优点，在相同的降压下，处理量可较拉西环大50％以上。在同样处理量时，压力可降低一半，传质效率可提高20％左右。

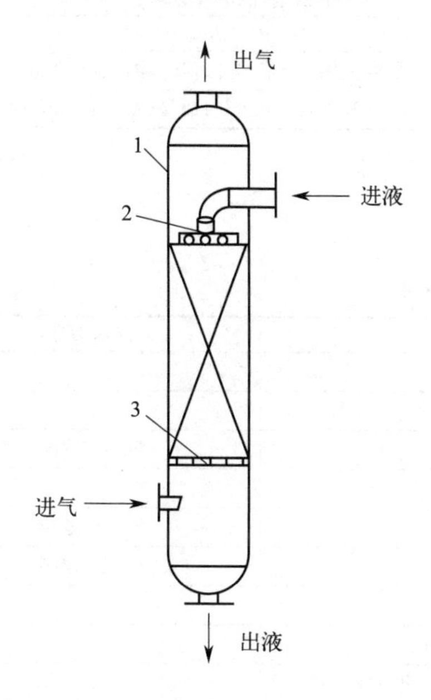

图6-28　填料吸收塔结构示意图

1—塔壳体；2—塔体分布器；3—支撑板

图6-29　鲍尔环

表6-35　主要设备列表

序号	位号	名称	规格
1	P101	吸收塔空气风机Ⅰ	电磁式空气泵：220V、520W；450L/min
2	P102	吸收塔离心泵Ⅰ	380V、250W；1.2～4.8m^3/h；H：10.5～7m
3	P103	解吸塔离心泵Ⅱ	380V、250W；1.2～4.8m^3/h；H：10.5～7m
4	P104	解吸塔空气风机Ⅱ	漩涡气泵：380V、550W； 最大压力14kPa；最大流量100m^3/h
5	T101	吸收塔	玻璃填料塔，ϕ100×2000； 填料：不锈钢鲍尔环，高度1750mm。
6	T102	解吸塔	玻璃填料塔，ϕ100×2000； 填料：不锈钢鲍尔环，高度1750mm。
7	X101	CO_2气瓶	GB/T 5099.1—2017，GB/T 5099.3—2017
8	V101	储罐Ⅰ（吸收液）	不锈钢材质，ϕ400×700
9	V102	储罐Ⅱ（吸收剂）	不锈钢材质，ϕ400×700
10	F101	文丘里流量计Ⅰ	喉径：5mm
11	F102	文丘里流量计Ⅱ	喉径：5mm
12	F103	CO_2玻璃转子流量计	LZB-6；0.6～1.6m^3/h
13	F104	CO_2玻璃转子流量计	LZB-6；0.6～1.6m^3/h

续表

序号	位号	名称	规格
14	F105	空气玻璃转子流量计	LZB-6;0.16～1.6m^3/h
15	F106	文丘里流量计	喉径:20mm
16	F107	吸收塔液体玻璃转子流量计	LZB-15;40～400L/h
17	F108	解吸塔液体玻璃转子流量计	LZB-15;40～400L/h
18	E101	加热器	不锈钢;220V,功率 2.5kW
19	E102	冷却器	仿真
20	AI101	吸收塔 CO_2 浓度传感器	浓度范围:0～0.6%;信号输出:4～20mA
21	AI102	解吸塔 CO_2 浓度传感器	浓度范围:0～0.6%;信号输出:4～20mA

(二)主要阀门(表 6-36)

表 6-36　主要阀门列表

序号	位号	阀门名称及作用	技术参数
1	VA101	吸收原料液取样阀	
2	VA102	解吸原料液取样阀	0.5
3	VA103	吸收塔尾气放空阀	DN15 球阀
4	VA104	储罐 V101 进水阀	
5	VA105	吸收泵出口压力表阀	DN15 球阀
6	VA106	解吸泵出口压力表阀	DN15 球阀
7	VA107	二氧化碳转子流量计阀	
8	VA108	二氧化碳转子流量计阀	
9	VA109	空气转子流量计阀,即风机 P101 出口阀	
10	VA110	电磁阀,F104 转子流量计入口	常闭
11	VA111	吸收液流量控制阀	DN15 闸阀
12	VA112	解吸液流量控制阀	DN15 闸阀
13	VA113	吸收剂罐放空阀	DN15 球阀
14	VA114	二氧化碳钢瓶减压阀	DN15 球阀
15	VA115	储罐 V102 进水阀	
16	VA116	解吸气旁路手动调节阀	DN40 闸阀
17	VA117	吸收塔底取样阀	DN15 球阀
18	VA118	解吸塔底取样阀	DN15 球阀
19	VA119	解吸气旁路电动调节阀	
20	VA120	解吸泵入口阀	DN25 球阀
21	VA123	吸收泵入口阀	DN25 球阀
22	VA124	吸收、解吸液罐连通阀	DN25 球阀
23	VA125	放水阀	DN15 球阀
24	VA126	吸收、解吸液罐连通阀	DN25 球阀
25	VA127	吸收液罐放空阀	DN15 球阀
26	VA128	解吸塔尾气放空阀	DN15 球阀

(三)主要仪表

仪表控制面板的布置见图 6-30。表 6-37 中热电阻温度计的测量范围均在 0～100℃。

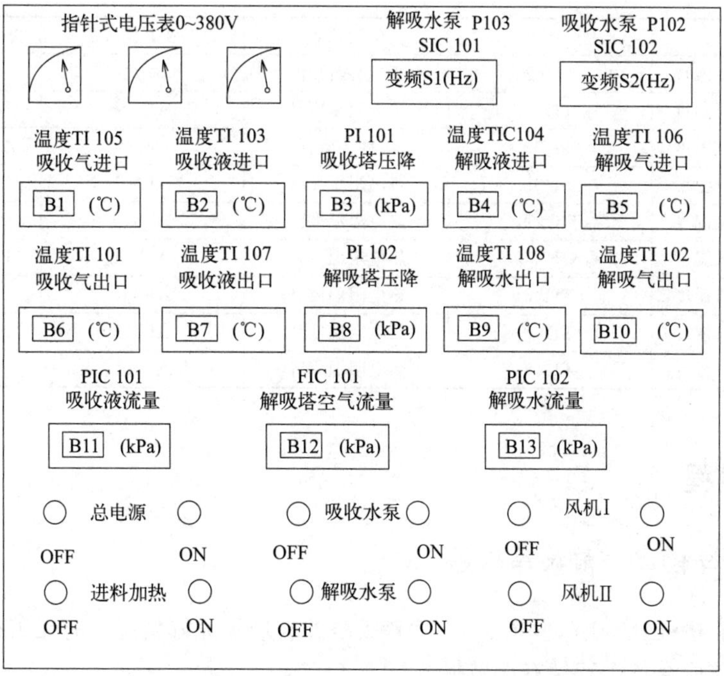

指针式电压表0~380V　　解吸水泵 P103 SIC 101 变频S1(Hz)　　吸收水泵 P102 SIC 102 变频S2(Hz)

温度TI 105 吸收气进口 B1 (℃)　　温度TI 103 吸收液进口 B2 (℃)　　PI 101 吸收塔压降 B3 (kPa)　　温度TIC104 解吸液进口 B4 (℃)　　温度TI 106 解吸气进口 B5 (℃)

温度TI 101 吸收气出口 B6 (℃)　　温度TI 107 吸收液出口 B7 (℃)　　PI 102 解吸塔压降 B8 (kPa)　　温度TI 108 解吸水出口 B9 (℃)　　温度TI 102 解吸气出口 B10 (℃)

PIC 101 吸收液流量 B11 (kPa)　　FIC 101 解吸塔空气流量 B12 (kPa)　　PIC 102 解吸水流量 B13 (kPa)

总电源 OFF ON　　吸收水泵 OFF ON　　风机Ⅰ OFF ON

进料加热 OFF ON　　解吸水泵 OFF ON　　风机Ⅱ OFF ON

图 6-30　吸收与解吸实训装置面板图

表 6-37　吸收-解吸实训装置主要监控仪表列表

序号	测量参数	仪表位号	检测仪表	显示仪表	表号	执行机构
1	吸收泵 P102 出口压力	PI103	压力表 0～0.25MPa	就地		
2	解吸泵 P103 出口压力	PI104	压力表 0～0.25MPa	就地		
3	吸收塔塔压降	PI101	压力传感器 0～20kPa	AI-501	B3	
4	解吸塔塔压降	PI102	压力传感器 0～20kPa	AI-501	B8	
5	解吸塔空气流量	FIC101	压力传感器 0～20kPa	AI-519	B12	文丘里流量计 F106
6	吸收剂流量	F107	转子流量计 LZB-15 40～400L/h	就地		
		PIC101	F101 压差传感器 0～20kPa	AI-519	B11	P102 控制变频器 S1
7	吸收液流量	F108	转子流量计 LZB-15 40～400L/h	就地		
		PIC102	F102 压差传感器 0～20kPa	AI-519	B13	P103 控制变频器 S2
8	吸收塔尾气浓度	AI101	CO_2 浓度传感器 (0～20%)	AI-501		仅仿真
9	解吸塔尾气浓度	AI102	CO_2 浓度传感器 (0～0.6%)	AI-501		
10	吸收液罐Ⅰ液位	LI101	玻璃液位计	就地		

续表

序号	测量参数	仪表位号	检测仪表	显示仪表	表号	执行机构
11	解吸液罐Ⅱ液位	LI102	玻璃液位计	就地		
12	吸收气出口温度	TI101	热电阻温度计	AI-501	B6	
13	解吸气出口温度	TI102	温度传感器	AI-501	B10	
14	吸收液进口温度	TI103	热电阻温度计	AI-501	B2	
15	解吸水进口温度	TIC104	热电阻温度计	AI-519	B4	不锈钢加热器
16	吸收气进口温度	TI105	热电阻温度计	AI-501	B1	
17	解吸气进口温度	TI106	热电阻温度计	AI-501	B5	
18	吸收液出口温度	TI107	热电阻温度计	AI-501	B7	
19	解吸液出口温度	TI108	热电阻温度计	AI-501	B9	

四、操作规程

（一）开车前动、静设备检查

（1）开车前检查 T101 吸收塔、T102 解吸塔的玻璃段完好情况（有无破损）。

（2）开车前检查各个管件有无破损。

（二）吸收、解吸塔开车技能训练

（1）打开总电源。

（2）确认吸收塔离心泵 IP102 出口阀门 VA111 处于关闭状态，打开泵前阀 VA123，启动离心泵。

（3）逐渐打开阀门 VA111，吸收剂通过文丘里流量计 F101 从顶部进入吸收塔。

（4）待泵 P102 运行稳定后，将吸收剂流量设定为规定值（设定方法：在控制面板上将 PIC101 切换为自动状态，可按向上向下键设定 PIC101 的 SP），观测文丘里流量计 F101 显示和解吸液出口压力 PI103 显示。

（5）先全开风机出口阀 VA109（转子流量计阀门），然后启动气泵 P101，通过阀门 VA109 将空气流量调节到指定值。

（6）先全开阀门 VA116，启动旋涡气泵 P104，风机运行稳定后将空气流量 FIC101 设定为规定值（4.0～10m^3/h，即 0.018～0.11kPa），调节空气流量。

（7）观测吸收液储槽 V101 的液位 LI101，待其大于规定液位高度（1/3）后，即 LI101≥15％后，确认阀门 VA112 处于关闭状态；然后先开泵前阀 VA120，再启动离心泵 P103。

（8）逐渐打开阀门 VA112，吸收液通过文丘里流量计 F102 从顶部进入解吸塔。

（9）打开二氧化碳钢瓶总阀，然后打开减压阀 VA114（注意减压阀的开关方向与普通阀门的开关方向相反，顺时针为开，逆时针为关），出口压力稳定到 0.1MPa 左右。

（10）调节阀门 VA107 开度，调节二氧化碳流量；二氧化碳和空气混合后制成实训用混合气从塔底进入吸收塔。

（11）观测气体、液体流量和温度稳定后开车成功。

（三）吸收、解吸塔停车技能训练

（1）关闭二氧化碳钢瓶总阀门，关闭二氧化碳减压阀；

（2）关闭吸收塔气泵 P101（空气风机）电源；

（3）首先关闭阀门 VA111，然后关闭吸收塔离心泵 P102 的开关，然后关闭泵前阀 VA123；

（4）首先关闭阀门 VA112，然后关闭解吸塔离心泵 P103 的开关，然后关闭泵前阀 VA120；

（5）关闭解吸塔漩涡气泵 P104 电源；

（6）关闭总电源；

（7）关闭阀 VA107、VA109、VA119、VA116（需先将 FIC101 切换为手动状态，再关阀）。

（四）离心泵开停车技能训练

1. 开车操作

以吸收塔 T101 的离心泵 P102 的操作为例，开车操作步骤如下：

（1）检查流程中各阀门是否处于正常开车状态：阀门 VA124、VA125、VA126、VA111、VA112、A105、VA106、VA117、VA118、VA109 关闭。

（2）确认阀门 VA120、VA123、VA113、VA116 全开。

（3）打开总电源，然后启动离心泵 P102。

（4）打开阀门 VA111，吸收剂（解吸液）通过文丘里流量计 F101 从顶部进入吸收塔 T101。

2. 停车操作

首先关闭离心泵出口阀门 VA111，然后关闭离心泵 P102 的开关，最后关泵前阀门 VA123。

（五）液体流量及气体流量的调节

1. 液体流量调节

控制吸收塔离心泵 P102 流量有两种方法：手动调节仪表和电脑程序操作。首先把离心泵出口阀门 VA111 关闭。打开离心泵入口阀门 VA123，打开总电源开关，在 PIC101 仪表上手动调节到所需要的流量（或直接打开电脑吸收程序在界面上找到 PIC101，点击在界面上输入所需要的流量），启动离心泵 P102 开关，稳定一段时间就可以自动控制到所需要的流量了。

2. 气体流量调节

解吸塔涡轮风机调节流量的原理是用智能阀门调节旁路流量，阀门开得越大（以开度显示），实际进入解吸塔的气体流量越小。以涡轮风机调控的解吸塔空气入口流量 FIC101 调节为例，说明控制气体流量的两种方法：

① 电脑程序操作：首先把旁路调节球阀 VA116 关闭。将空气流量仪表调节到自动状态，在电脑程序界面上找到 FIC101，点击并在相应界面上输入所需流量，仪表会自动控制智能调节阀 VA119 的开度。

② 手动调节仪表控制流量：关闭空气手动旁路调节阀 VA116，解吸空气流量仪表调节到手动输出方式，利用仪表上升键和下降键调节输出数值，仪表调节智能阀 VA119 来调节空气流量。

建议用手动模式调节流量。当仪表盘下方 SV 窗口显示 M（表示手动）时，若窗口对应显示的数字为 45，表示旁路阀门的开度为 45%。按上下箭头，每次调节以 5 为单位，观察进入塔顶的液体，向下流动为正常。不建议用自动模式调节流量，容易气相流量过大而发生液泛现象，使得大量液滴从泡沫层中喷出到达填料塔上部，严重时会溢出。

（六）解吸塔 T102 旋涡气泵 P104 的开停车技能训练

1. 开车操作

（1）打开总电源；全开旁路阀门 VA116；启动风机 P104。

（2）逐渐调节阀门 VA116，观察空气流量 FIC101 的示值，解吸气由底部进入解吸塔，关闭解吸塔顶部放空阀门 VA128，记录解吸塔压降、空气入口温度。

2. 停车操作

首先全开阀门 VA116，然后关闭旋涡气泵 P104 开关；并缓慢打开放空阀 VA128。

（七）吸收与解吸塔液体流量标定（解吸塔气体流量标定与此相同）

液体流量可以用转子流量计现场读数，也可以用文丘里流量计传感读数和控制，以吸收塔为例：确认离心泵出口阀门 VA111 处于关闭状态，启动离心泵 P102，改变阀门 VA111 的开度，分别记录不同流量下的压差（见表 6-38）。

表 6-38　吸收与解吸塔液体流量的标定

吸收塔			
序号	温度/℃	文丘里流量计读数	转子流量计读数
1			
2			
3			

（八）解吸塔压降测量

1. 干填料塔性能测定

（1）打开总电源；将电动阀门 VA119 全关，将阀门 VA116 调节至全开。

（2）启动风机 P104，关闭阀门 VA128，通过改变阀门 VA116 的开度，即可分别测得在不同空气流量下的全塔压降（如表 6-39 所示）。根据以上数据绘制 $\Delta p/z$-u 关系曲线。

表 6-39　干填料塔 $\Delta p/z$-u 关系数据记录表

填料层高度 z=1.75m　　塔内径 D=0.1m					
序号	文丘里流量计空气读数 Δp/kPa	填料层压强降 $\Delta p_{塔}$/kPa	温度/℃	空气流量/(m^3/h)	空塔气速/(m/s)
1	0.313	0.264			
2					
3					

2. 湿填料塔性能测定

(1) 打开总电源；先打开泵 P102 入口阀 VA123，启动离心泵 P102，打开阀 VA111。

(2) 将 V102 罐中的液体，都输送离心泵 P102 到罐 V101 后，关闭离心泵 P102（先关泵后阀，停泵，再关泵前阀）。

(3) 打开离心泵 P103（先打开泵前阀 VA120，启动泵，再开泵后阀 VA112)，调节 VA112 开度（一般为 20%)，待泵运行稳定后，将 PIC102 切换为自动状态，并设置 PIC102 的 SP 值，以设定一定的流量。

(4) 将电动调节阀 VA119 开度调成 0（若 VA119 开度是 0，此步便不用操作)。

(5) 全开阀门 VA116，然后启动风机 P104。

(6) 关闭阀门 VA128，在涡轮流量计 F106 量程范围内，通过改变阀门 VA116 开度，分别测得在不同空气流量下塔压降，注意液泛点，即出现液泛现象后风机流量不再调大，记录好数据后立即关闭风机 P104 防止长时间液泛积液过多（如表 6-40 所示)。根据以上数据绘制 Δp-u 关系曲线。

表 6-40　湿填料塔 Δp-u 关系测定

填料层高度 z=1.75m　　塔内径 D=0.1m　　喷淋液流量=　m^3/h						
序号	文丘里流量计读数/kPa	填料层压强降/kPa	温度/℃	空气流量/(m^3/h)	空塔气速/(m/s)	操作现象
1						
2						
3						

（九）原料气体浓度的配制

(1) 打开总电源；关闭阀门 VA107、VA108、VA109；其中 VA108 对应的转子流量计 F104 在实训操作中仅备用，通常无须操作。

(2) 打开钢瓶 X101 的出口总阀，然后打开减压阀 VA114，调节出口压力稳定到 0.1MPa 左右。

(3) 通过调节转子流量计的阀门 VA107，调节二氧化碳流量，由转子流量计 F103 读出流量。

(4) 先全开转子流量计阀门 VA109，再启动风机 P101，然后调节阀门 VA109 开度调节空气流量，由转子流量计 F105 读出流量。

(5) 通过调节阀 VA107 和 VA109 开度，使二氧化碳流量和空气流量比为 1∶3 到 1∶2 之间，即混合气体中二氧化碳体积分数在 25%～30%。

（十）吸收率测定

（1）打开总电源。

（2）确认阀门 VA111 处于关闭状态，（先开泵前阀 VA123）启动离心泵 P102。

（3）逐渐打开阀门 VA111，吸收剂通过文丘里流量计 F101 从顶部进入吸收塔。

（4）待泵 P102 运行稳定后，将吸收剂流量设定为规定值（设定方法：在控制面板上将 PIC101 切换为自动状态，按向上向下键设定 PIC101 的 SP，如 14.8kPa），观测流量计 F101 显示和解吸液出口压力 PI103 显示。

（5）先全开风机出口阀 VA109，启动气泵 P101，通过调节阀门 VA109 开度将空气流量调节到某一值。

（6）打开二氧化碳钢瓶总阀，然后打开减压阀 VA114（注意减压阀的开关方向与普通阀门的开关方向相反，顺时针为开，逆时针为关），使出口压力稳定到 0.1MPa 左右。

（7）调节阀门 VA107 开度，调节二氧化碳流量；观测气体、液体流量和温度稳定后，操作达到稳定状态之后，测量塔底的水温，同时取样，用三角瓶从阀门 VA101、VA117 分别取 20mL 样品，测定塔顶、塔底溶液中二氧化碳的含量。

（8）分别读取吸收塔进出口混合气体中二氧化碳的浓度，计算吸收塔的吸收率，在表 6-41 中记录数据。

表 6-41　填料吸收塔吸收系数测量实验数据表

序号	被吸收的气体：CO_2；吸收剂：水；塔内径：100mm	
1	塔类型	吸收塔
2	填料种类	
3	填料尺寸/m	
4	填料层高度/m	
5	CO_2 转子流量计读数/(m^3/h)	
6	气体进塔温度/℃	
7	空气转子流量计读数/(m^3/h)	
8	吸收剂转子流量计读数/(m^3/h) (或文丘里流量计读数/kPa)	
9	塔底液相温度/℃	
10	亨利常数 $E/10^8$Pa	
11	吸收塔气体进口浓度 y_1	
12	吸收塔气体出口浓度 y_2	
13	吸收率	

（十一）吸收解吸实训装置连续操作训练

（1）首先检查流程中各阀门是否处于正常开车状态，关闭阀门 VA101、VA102、VA107、VA108、VA109、VA111、VA112、VA117、VA118、VA124、VA125、VA126，全开阀门 VA113、VA127、VA120、VA123。

（2）打开总电源；然后启动离心泵 P102、P103，缓慢打开阀门 VA111、VA112 调节至转子流量计 F107、F108 流量为 250L/h，吸收剂（解吸液）通过文丘里流量计 F101、F102 从顶部进入吸收塔 T101、解吸塔 T102，喷淋 5～10min。

（3）先全开阀门 VA116，启动旋涡气泵 P104，将空气流量 FIC101 设定为规定值（4.0～$10m^3/h$ 即 0.018～0.11kPa），调节空气流量。

（4）打开二氧化碳钢瓶 X101 总阀，然后打开减压阀 VA114（注意减压阀的开关方向与普通阀门的开关方向相反，顺时针为开，逆时针为关），通过调节阀门 VA107 开度调节二氧化碳流量至 $0.2m^3/h$，使出口压力稳定到 0.1MPa 左右。

（5）全开阀门 VA109，然后启动风机 P101，通过调节阀门 VA109 开度调节空气流量至 $0.8m^3/h$，达到实验所需流量。

（6）操作达到稳定状态之后，测量吸收塔底、解吸塔底的水温，测量时同时取样，用三角瓶从阀门 VA101、VA102、VA117、VA118 分别取 50mL 样品，测定吸收塔顶、解吸塔塔顶、吸收塔塔底、解吸塔塔底溶液中的二氧化碳含量。

（7）取样操作结束后，关闭二氧化碳钢瓶 X101 总阀门，关闭二氧化碳钢瓶 X101 减压阀 VA114。

（8）关闭气泵 P101；关闭阀门 VA111、VA112，然后关闭离心泵 P102、P103。

（9）关闭风机 P104，最后关闭总电源。

五、计算机远程控制操作

1. 数据曲线

吸收和解吸实训 DCS 控制流程图界面见图 6-31。操作界面左上角菜单中，可以查看温度曲线、压力曲线、流量曲线、计算数据。

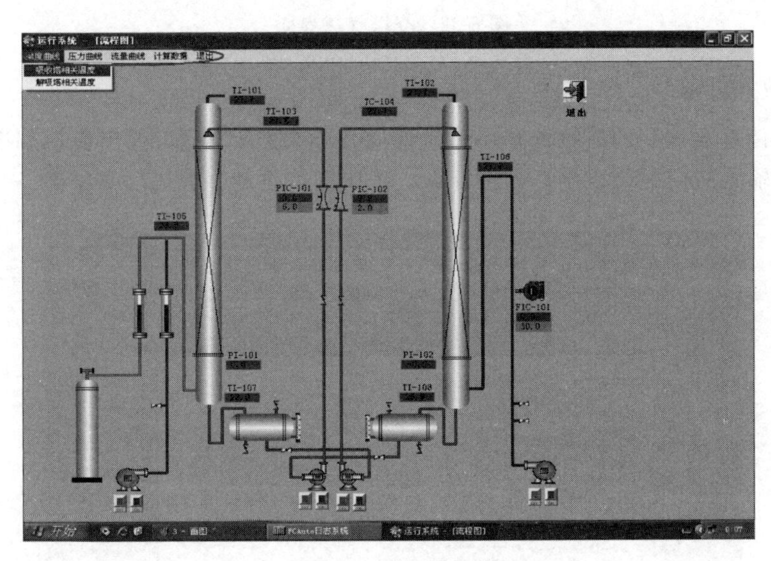

图 6-31　流程图界面

2. 数据采集

点击菜单栏【计算数据】，在下拉菜单中选中【空塔气速测定】菜单，跳出窗口如图 6-32 所示。在此窗口中可以设定气体流量和液体流量。

做干填料特性实验时，启动风机 P104 后，每次只改变气体流量调节（%）的数值（0～100）。

做湿填料特性实验时，需要分别启动风机 P104 和启动离心泵 P103，设定液体流量并点击【液体流量调节（kPa）】键后，在液体流量不变的前提下，每次只改变气体流量，每改变一次气体流量待数据稍稳后，鼠标点击【计算数据】键，程序会自动记录数据并在图像中标出相应的点。

点击【清空数据】键，可以清除以前的数据，可以在弹出的对话框中选择是否保留数据和图像。

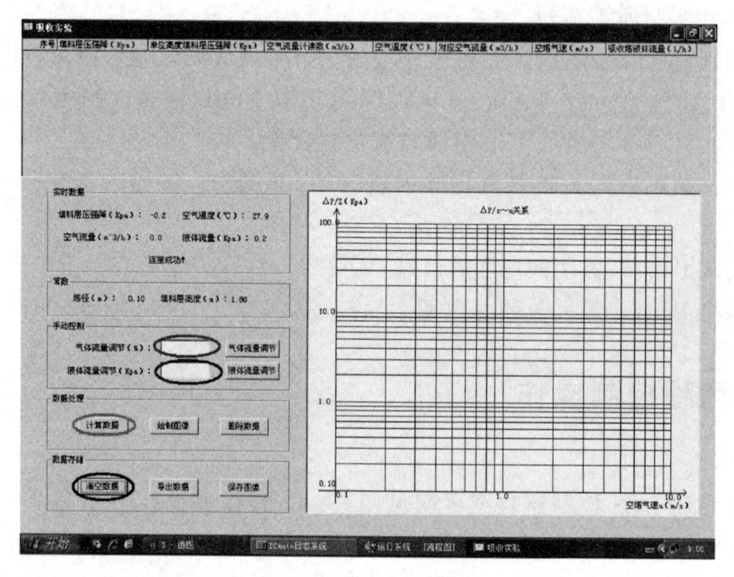

图 6-32　空塔气速界面

3. 传质数据计算

在菜单【计算数据】的下拉菜单中，选择【传质数据计算】，弹出窗口如图 6-33 所示，在窗口空白处输入相应数值，然后点击计算，程序即可自动计算出所需结果。

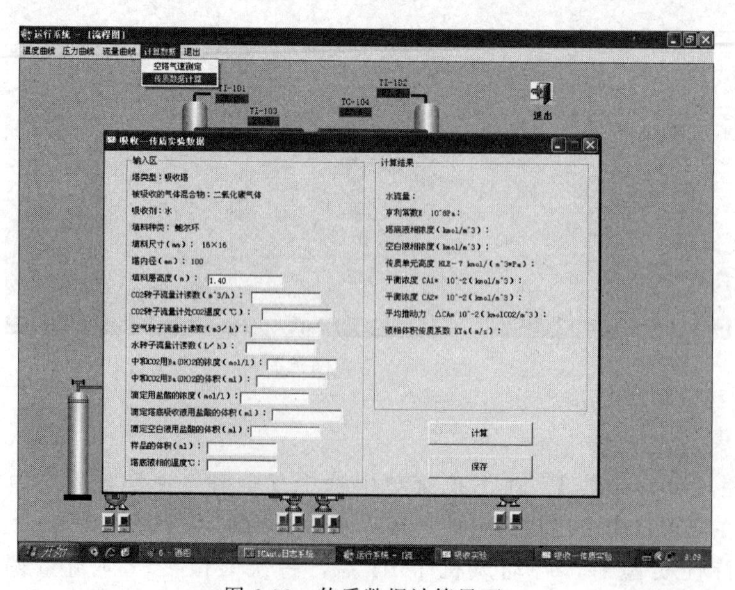

图 6-33　传质数据计算界面

六、数据处理

操作记录表格参考表 6-42。

表 6-42 吸收与解吸实训数据记录表

采集时间/min						
吸收气进塔温度/℃						
吸收气出塔温度/℃						
解吸气进塔温度/℃						
解吸气出塔温度/℃						
吸收液进塔温度/℃						
吸收液出塔温度/℃						
解吸液进塔温度/℃						
解吸液出塔温度/℃						
吸收塔内压差/kPa						
解吸塔内压差/kPa						
吸收液泵频率/Hz						
解吸液泵频率/Hz						
吸收液流量/(L/h)						
解吸收液流量/(L/h)						
吸收气流量/(L/h)						
解吸收气流量/(m^3/h)						
填表人				填表日期		

七、计算举例

1. 填料塔流体力学性能测定

以干填料数据为例，数据表见表 6-39，填料塔压降 $\Delta p_{塔}=0.264\text{kPa}$，则

$$\frac{\Delta p_{塔}}{z}=\frac{0.264}{1.75}=0.151(\text{kPa/m})$$

$$q_{v1}=C_0\times A_0\times\sqrt{\frac{2\Delta p}{\rho_{t1}}}\times 3600$$

式中 C_0——文丘里流量计系数，$C_0=0.65$；

q_{v1}——温度为 t_1 时的填料塔体积流量，m^3/h；

A_0——文丘里流量计喉径处截面积，m^2；

d_0——喉径，$d_0=0.020\text{m}$；

Δp——文丘里流量计压差，kPa；

ρ_{t1}——空气入口温度（即流量计处温度）下密度，kg/m^3。

经测得文丘里流量计压差为 0.313kPa，则填料塔体积流量为

$$q_v=3600\times 0.65\times\pi\times\frac{0.02^2}{4}\sqrt{\frac{2\times 0.313\times 1000}{1.185}}=16.90(m^3/h)$$

$$\text{空塔气速 } u=\frac{q_v}{3600\times(\pi/4)D^2}=\frac{16.90}{3600\times(\pi/4)\times 0.1^2}=0.5977(\text{m/s})$$

在对数坐标纸上以 u 为横坐标，$\Delta p/z$ 为纵坐标作图，标绘 $\Delta p/z\text{-}u$ 关系曲线。

2. 吸收率测定

以下面一组数据为例：

进吸收塔前 CO_2 流量＝0.454m^3/h，进吸收塔前空气流量＝0.774m^3/h，

塔底混合气中 CO_2 含量：$y_1=\dfrac{0.454}{0.454+0.774}=36.971\%$；

由塔顶 CO_2 传感器数据可知：$y_2=28.660$；

则吸收率 $\eta=\dfrac{y_1-y_2}{y_1}=0.225$。

八、异常现象排除

本次实训要求能够处理生产和操作中遇到的紧急情况，培养在安全生产操作中的应急能力。表 6-43 中列出了常见的异常现象及对应的产生原因和解决办法。

表 6-43　吸收解吸实训装置故障分析与解决办法

序号	故障内容	产生原因	解决办法
1	无吸收剂流量	离心泵 P102 出故障或管路阻塞	检查离心泵 P102 及其相关管路
2	解吸塔无喷淋	离心泵 P103 出故障或管路阻塞	检查离心泵 P103 及其相关管路
3	原料气浓度异常	转子流量计出问题或气瓶无压力	检查钢瓶减压阀、检查流量计 VA108 是否有流量
4	解吸塔压降下降	风机 P104 出故障或管路阻塞	检查风机 P104 及其相关管路，检查传感器 PI102
5	设备突然断电	实验室断电、实训装置线路故障	检查实训装置线路、实验室线路
6	吸收塔压降下降	气泵 P101 出故障或管路阻塞	检查风机 P101 及其相关管路，检查传感器 PI101

附录一

乙醇-水二元物系的汽液平衡组成（101325Pa）

液相组成 x	气相组成 y	沸点 /℃	液相组成 x	气相组成 y	沸点 /℃
0	0	100	0.351	0.596	81.20
0.0201	0.187	94.95	0.3965	0.6122	80.7
0.0507	0.331	90.5	0.454	0.634	80.40
0.0795	0.402	87.7	0.500	0.657	80.00
0.105	0.446	86.2	0.5198	0.6599	79.7
0.1238	0.4704	85.3	0.540	0.669	79.75
0.146	0.498	84.5	0.5732	0.6841	79.3
0.1661	0.5089	84.1	0.596	0.696	79.55
0.200	0.525	83.3	0.641	0.719	79.30
0.2337	0.5445	82.7	0.6763	0.7385	78.74
0.2608	0.5580	82.3	0.7472	0.7815	78.41
0.300	0.575	81.60	0.760	0.793	78.60
0.3273	0.5826	81.3	0.798	0.818	78.40

附录二

酒度计换算图

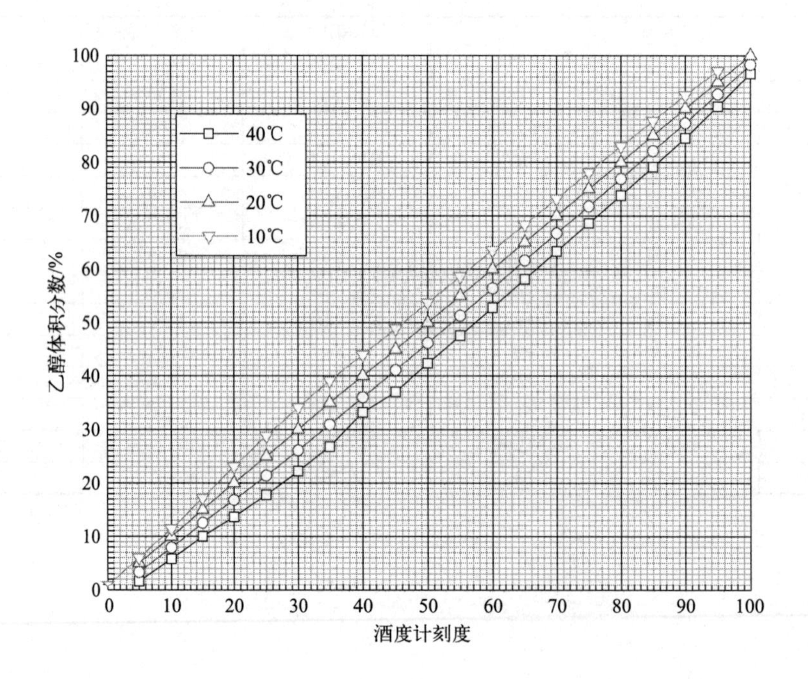

参考文献

[1] 陈敏恒，潘鹤林，齐鸣斋．化工原理（少学时）．3版．上海：华东理工大学出版社，2019.
[2] 肖杨，陈胜慧．《化工原理》少学时教学改革思考．大学教育，2012.1（08）．
[3] 吕维忠，刘波，罗仲宽，等．化工原理实验技术．北京：化学工业出版社，2007.
[4] 周爱月，李士雨，化工数学．3版．北京：化学工业出版社，2011.
[5] 徐红，刘宇波，乔锐．测量仪器的读数．物理通报，2019，38（2）：120-125.